三峡水库下游非均匀沙输移及数值模拟技术

Non-uniform Sediment Transport and Numerical Simulation Technologies
of Downstream Three Gorges Reservoir

◎ 葛华　著

长江出版社
CHANGJIANG PRESS

图书在版编目（CIP）数据

三峡水库下游非均匀沙输移及数值模拟技术 / 葛华著.
—武汉：长江出版社，2020.8
ISBN 978-7-5492-7078-1

Ⅰ.①三… Ⅱ.①葛… Ⅲ.①长江中下游－泥沙输移－
数值模拟－研究 Ⅳ.①TV152

中国版本图书馆 CIP 数据核字(2020)第 134640 号

三峡水库下游非均匀沙输移及数值模拟技术 　　　　　　　　　　　　　　　 葛华 著

责任编辑：高婕好
装帧设计：蔡丹
出版发行：长江出版社
地　　　址：武汉市解放大道 1863 号　　　　　　　　　　　　　　邮　　编：430010
网　　　址：http://www.cjpress.com.cn
电　　　话：(027)82926557(总编室)
　　　　　　(027)82926806(市场营销部)
经　　　销：各地新华书店
印　　　刷：武汉市首壹印务有限公司
规　　　格：787mm×1092mm　　　　　　1/16　　　　　8.5 印张　　　　208 千字
版　　　次：2020 年 8 月第 1 版　　　　　　　　　　　2020 年 9 月第 1 次印刷
ISBN 978-7-5492-7078-1
定　　　价：32.00 元

目录
Contents

第1章 绪论 / 1

第2章 三峡水库下游非均匀沙恢复特性及机理 / 4

  2.1 非均匀沙冲淤机理及影响因素 / 4

    2.1.1 水体中的泥沙沉降及影响因素 / 4

    2.1.2 河床上的泥沙上扬及影响因素 / 6

    2.1.3 非均匀沙冲淤特点 / 7

  2.2 水库下游非均匀沙恢复的一般特性及机理 / 9

    2.2.1 水库下游水沙条件变异 / 9

    2.2.2 非均匀沙恢复的一般特性及机理 / 11

  2.3 三峡水库下游非均匀沙恢复特性 / 18

    2.3.1 非均匀沙冲淤对来沙的响应 / 18

    2.3.2 三峡水库下游沙量恢复特性 / 25

  2.4 非均匀沙恢复略估方法 / 31

    2.4.1 不同冲刷历时的冲刷率 / 31

    2.4.2 恢复系数 / 33

  2.5 本章小结 / 39

第3章 水库下游河流平衡趋向调整 / 41

  3.1 卵石夹沙河段的平衡趋向调整 / 41

    3.1.1 卵石夹沙河床粗化调整现象 / 42

    3.1.2 卵石夹沙河床粗化调整在平衡趋向过程中的作用 / 43

  3.2 沙质河段的平衡趋向调整 / 46

    3.2.1 沙质河床的粗化调整 / 47

    3.2.2 沙质河床的纵剖面调整 / 56

    3.2.3 沙质河床的横断面调整 / 61

3.2.4　沙质河床平衡趋向中的复杂响应　　　　　　　　　 / 66

　3.3　本章小结　　　　　　　　　　　　　　　　　　　　 / 67

第4章　非均匀沙数值模拟关键技术　　　　　　　　　　 / 68

　4.1　基于泥沙交换的非均匀沙挟沙力　　　　　　　　　　 / 68

　　4.1.1　非均匀沙挟沙力一般计算方法　　　　　　　　　 / 68

　　4.1.2　基于泥沙交换的非均匀沙挟沙力　　　　　　　　 / 70

　　4.1.3　合理性分析　　　　　　　　　　　　　　　　　 / 75

　4.2　泥沙恢复饱和系数　　　　　　　　　　　　　　　　 / 79

　　4.2.1　基于泥沙运动统计理论的恢复饱和系数计算方法　 / 79

　　4.2.2　非平衡输沙状态下含沙量沿垂线分布公式　　　　 / 81

　4.3　混合层厚度　　　　　　　　　　　　　　　　　　　 / 88

　　4.3.1　混合层厚度的重要意义　　　　　　　　　　　　 / 88

　　4.3.2　混合层厚度的一般计算方法　　　　　　　　　　 / 89

　　4.3.3　基于沙波运动的混合层厚度计算方法　　　　　　 / 91

　4.4　断面冲淤面积分配　　　　　　　　　　　　　　　　 / 95

　　4.4.1　断面冲淤面积分配一般计算方法　　　　　　　　 / 95

　　4.4.2　断面冲淤面积分配中的关键问题　　　　　　　　 / 97

　4.5　本章小结　　　　　　　　　　　　　　　　　　　　 / 101

第5章　三峡水库下游一维非均匀沙数值模拟　　　　　　 / 102

　5.1　数学模型建立　　　　　　　　　　　　　　　　　　 / 103

　　5.1.1　控制方程及求解　　　　　　　　　　　　　　　 / 103

　　5.1.2　关键问题处理　　　　　　　　　　　　　　　　 / 104

　　5.1.3　数学模型建立　　　　　　　　　　　　　　　　 / 105

　5.2　数学模型验证　　　　　　　　　　　　　　　　　　 / 107

　5.3　本章小结　　　　　　　　　　　　　　　　　　　　 / 110

第6章　结论与展望　　　　　　　　　　　　　　　　　 / 111

　6.1　结论　　　　　　　　　　　　　　　　　　　　　　 / 111

　6.2　问题与展望　　　　　　　　　　　　　　　　　　　 / 114

主要参考文献　　　　　　　　　　　　　　　　　　　　 / 115

第1章　绪论

　　水是人类赖以生存和发展的基础,而河流作为地球上水循环的重要路径,与人类关系极为密切。从古至今,人类都是择水而居,人类的各大文明几乎都是起源于各大河流:古巴比伦起源于底格里斯河及幼发拉底河;古中国起源于黄河和长江;古印度起源于印度河及恒河;古埃及起源于尼罗河,所以世界文明发祥地大都是以河流命名的,如两河文明、黄河文明、长江文明、恒河文明等,这都是人类受惠于河流的见证。

　　随着人类文明和社会经济的发展,天然状态河流已经无法满足人类日益增长的需求,人们开始在河流上修建一系列的水利枢纽工程,以充分发掘河流的各种功能,满足人类多方面的需求,如防洪、发电、航运、灌溉、取水、旅游等。水库作为水利枢纽的一种重要类型,由于它具备防洪、航运、能源、旅游、渔业等多方面的效益,随着人类经济建设步伐的加快而得到了迅速的推广和应用。目前,世界的主要河流上已相继兴建了十万座以上的大、中、小型水库,其中高度超过15m的大坝就有4万多座,高度大于150m的有300多座,而高度大于200m的超过20座,全球水库的总蓄水量已相当于河流水量的5倍,地球表面的0.3%已被水库淹没。自1950年以来,随着经济建设步伐的加快,我国已兴建大、中、小型水库共87000多座,仅长江流域水库数量就已近50000座。根据相关水利规划,长江上游规划的防洪和发电控制性水库主要分布在金沙江和宜宾至宜昌河段及其支流雅砻江、岷江、大渡河、嘉陵江、乌江和清江上。

　　长江流域已建成大型水库(总库容在1亿 m^3 以上)300座,总调节库容1800余亿 m^3 ,防洪库容约775亿 m^3 。其中,长江上游(宜昌以上)大型水库111座,总调节库容800余亿 m^3 、预留防洪库容397亿 m^3 。截至2019年,长江上游纳入联合调度范围的水库包括:金沙江梨园、金安桥、龙开口、鲁地拉、观音岩、溪洛渡、向家坝水库;雅砻江锦屏一级、二滩水库;岷江紫坪铺、瀑布沟水库;嘉陵江碧口、宝珠寺、亭子口、草街水库;乌江构皮滩、思林、沙沱、彭水水库;长江干流三峡水库,共21座。未纳入联合调度的其他水库,根据属地管理权限,其防洪、抗旱和应急水量调度由有调度权限的水行政主管部门负责调度。

　　水库在发挥兴利效益的同时,由于拦截了大量上游来沙,加之对径流过程的调节,改变了水库下游河流的水沙条件,破坏了水库下游河流的平衡状态,触发了其再造床过程,也因此给水库下游河流功能的发挥带来一些负面影响。在长期的低含沙水流作用下,河床将发生不同程度的冲刷下切或河岸展宽以及河型转化等现象,从而影响河道的水流条件,进而影响到航运、防洪、取水和生态等多方面的人类活动。如欧洲的莱茵河由于采取渠化工程以后截断了泥沙供应,河道冲刷导致两岸地下水位下降和航道条件的恶化而不得不花费大量人力和财力向河道喂沙;非洲尼罗河阿斯旺大坝的修建由于改变了下泄径流与泥沙的过程而造成下游河床冲刷、河口三角洲后退等不利局面。

为做到防患于未然,以便及早采取措施,发挥水库的最大效益,准确地模拟预测水库下游河道的冲淤发展及演变成为人们迫切需要解决的实际问题。其中,泥沙输移作为决定水库下游河床冲淤发展的根本,明确其一般特性及内在机理不仅有助于相关模拟预测技术的提高,同时也是检验已有模拟预测成果可靠性的重要依据。而河道的平衡调整作为水库下游再造床过程的重要内容,明确不同类型河道在平衡趋向过程中的调整现象、深入分析各调整方式在平衡趋向过程中的作用及内在机理也将极大地提高预测成果的准确度。因此,深入研究三峡水库下游泥沙输移特性及其内在机理,分析水库下游河道再造床过程中的平衡趋向调整,提高其数值模拟预测技术与精度,不仅有助于提高人们在通过修建水库开发利用河流功能过程中趋利避害的能力,也有利于促进泥沙学科的研究。

长江中下游作为我国重要的粮棉产地,本河段周边地区各类轻重工业星罗棋布,在国民经济中占有举足轻重的地位。在实施西部大开发战略中,长江中下游航道作为西部地区通达海上的水上要道,其战略地位和开发利用价值也十分显著。而随着长江上游三峡、向家坝、溪洛渡等干支流上一系列水库、大坝的建成,长江中下游的水沙条件将发生显著的变化,至少将遭受几百年以上的长期低含沙水流作用,从而对长江中下游地区的防洪、航运、灌溉及水沙资源利用等方面产生重大影响。因此,针对三峡等水库的修建对长江中下游河道演变的影响日益成为众多科技工作者关注的焦点,并已开展了大量的相关研究工作。三峡水库自 2003 年 6 月蓄水运用以后,为充分发挥三峡工程效益,水库调度运用方案在进行不断地调整与优化,坝下游河段可能在冲刷过程以及水位下降等方面与原有认识也存在差异。因此,研究三峡水库下游非均匀沙的输移规律、提高非均匀沙输移模拟技术,可针对各调度运用方案对坝下游河段沿程的冲淤量、冲淤发展过程及水力特性变化进行模拟预测,不仅可为整个长江中下游河道的系统治理提供必要的支持,也有助于统筹坝上、下游的需求,合理确定水库的调度方案。

本书归纳和总结了三峡水库下游非均匀沙输移的一般性规律,深化了对其内在机理的认识,并在当前研究成果的基础上,针对一维泥沙数学模型中的关键技术和参数进行了探讨。在此基础上,建立了长江中下游宜昌—大通河段一维河网非恒定非均匀水沙数学模型,利用最新的实测数据对模型进行了验证,具体如下:

1. 水库下游非均匀沙恢复特性及机理

总结和归纳了构成河床冲淤的两个方面的影响因素,在总结和归纳水库下游沙量恢复一般特性的基础上,根据水体中泥沙沉降与河床泥沙上扬构成的泥沙交换特点,阐述了水库下游非均匀沙恢复特点的内在机理,并构造了不同冲刷历时沙量恢复的一般表达式,可较好地反映出已建水库下的沙量恢复规律。同时,依据实测资料对泥沙输移方程中的恢复系数进行了分析,结果表明其数量级可达 $10^{-3}\sim10^{-1}$,一般随着粒径的增大而减小、随着冲刷历时的增加和床沙的粗化而呈递减的趋势。同时,对长江中下游非均匀沙的输移特性及来沙减少后的沙量恢复特性进行了分析,指出就年统计值而言,长江中游河道非均匀沙年冲淤量与年输入沙量的关系比较密切,一般随着泥沙粒径的增大,两者相关性逐渐增强,单位年来沙量改变引起的下游河道年冲淤量逐渐增大,河道相应的输沙能力也逐渐减小,且沿程呈现递减趋势。分析表明,虽然 20 世纪 90 年代前后和三峡水库蓄水前后来沙量均有一定程度的减少,但后者由于各粒径组泥沙减少幅度更大、且水沙条件改变之前河床已基本处于冲刷状态,再加之水力条件的影响,其沙量恢复现象更加明显。

2. 水库下游河流平衡趋向调整

依据水库下游实测资料以及水槽实验资料,按照河床组成性质的不同,对水库下游卵石夹沙河床和沙质河床在平衡趋向过程中的部分调整现象进行了归纳与总结,深入分析了各调整方式在平衡趋向过程的作用及内在机理。分析指出,卵石夹沙河床经过冲刷以后,通常可通过形成卵石抗冲保护层而使河段达到平衡状态,而沙质河床在平衡趋向过程中调整方式则更加多样化,其中纵剖面的趋缓调整、床沙的粗化调整以及横断面的下切与展宽调整的终极方向是改变影响河床冲刷发展的两个方面,即增强河床自身的抗冲刷能力与削弱水流塑造河床的能力。在清水冲刷条件下,当两者相当时河床才能进入最终的绝对平衡状态,而此状态是由泥沙的起动条件决定的。

3. 一维非均匀沙数值模拟关键技术探讨

在当前研究的基础上,针对泥沙数学模型中的关键技术进行了进一步的探讨:①基于泥沙运动统计理论的泥沙上扬通量与沉降通量推导了非均匀沙挟沙力表达式,并与当前研究成果进行了对比,同时结合天然河道实际情况以及部分参数研究的不足,提出修正方法;②根据泥沙运动的扩散理论,通过引入调整系数,对非平衡输沙条件下的含沙量沿垂线分布公式进行了理论推导和参数拟合,其结果可用于基于泥沙运动统计理论的泥沙恢复饱和系数计算之中;③推导了基于沙波运动的混合层厚度计算方法,该方法可以体现非恒定泥沙数学模型中不同时间步长对其取值的影响;④对流速沿断面分布公式进行了简单的理论推导与参数拟合,以用于一维泥沙数学模型中基于水流不饱和程度构造的断面冲淤面积分配计算之中。

4. 三峡水库蓄水后长江中下游一维水沙数值模拟研究

建立了适用于长江中下游宜昌—大通河段的一维河网非恒定水沙数学模型,并利用三峡水库蓄水后 2013—2017 年的最新实测数据对模型进行了验证,验证计算结果与实测值符合较好,符合水库下游水沙输移的一般规律。

第2章 三峡水库下游非均匀沙恢复特性及机理

水库修建以后,将大量泥沙拦截在水库内,改变了水库下游河道的来水来沙条件,势必将破坏其天然条件下的冲淤状态,使下游河道形态进行相应的调整。在调整过程中,伴随着河床的冲淤发展,将引起诸如航运、防洪、取水、生态等多方面的问题。为做到防患于未然,以便及早采取措施,发挥水库的最大效益,准确地模拟预测水库下游河床的冲淤发展显得极为重要。而河床的冲淤发展与河道的输沙是密切联系在一起的,明确三峡水库下游泥沙输移的一般特性,不仅有助于模拟预测技术的提高,同时也是检验模拟预测成果可靠性的重要依据。本章从非均匀沙的基本运动出发,基于构成河床冲淤的泥沙沉降与上扬两个方面的影响因素,在总结归纳三峡水库下游非均匀沙恢复一般特性的基础上,对其恢复机理进行一定的阐述,进而对三峡水库下游非均匀沙的输移特性及不同时期来沙减少后的泥沙恢复特性差异进行分析。

2.1 非均匀沙冲淤机理及影响因素

非均匀沙河床的冲淤归根结底取决于水体中与河床上的泥沙的交换,即水体中泥沙的沉降与河床上泥沙的上扬。无论河床是处于淤积状态还是冲刷状态,水体中泥沙的沉降与河床上泥沙的上扬都是同时存在的,两者对比关系的不同决定了河床究竟处于何种冲淤状态。即使是处于冲淤平衡状态的河流,虽然从宏观上来看河床不发生冲淤,但水体中的泥沙和河床上的泥沙仍在不断地发生交换,只不过交换量,即由水体交换到河床上的沉降通量与由河床交换到水体中的上扬通量基本相等,河床处于动态的平衡过程中[1]。不同的水沙条件和床沙组成条件对泥沙沉降与上扬的影响有所不同,造成不同水沙条件下河床冲淤状态的差异。

2.1.1 水体中的泥沙沉降及影响因素

水体中泥沙的沉降量主要受两个因素影响,一个是泥沙的有效沉速,另外一个是河床底部的含沙量。泥沙的密度一般大于水的密度,水体中的泥沙将受到自身的重力作用而下沉,而泥沙的形状、泥沙的絮凝、水体含沙量以及水流紊动作用等都将在一定程度上影响泥沙的

有效沉降速度,因此,泥沙的有效沉降速度 ω 一般可表示为:

$$\omega = \omega_0 f_1(c/\sqrt{ab}) f_2(K_{AV}) f_3(S) f_4(u_*)$$

式中,ω_0 表示静止清水中泥沙的沉降速度,而其余四项分别表示泥沙形状、比表面积(颗粒表面积与体积之比,絮凝时泥沙颗粒之间的吸附力与之成正比)、水体含沙量及水流紊动作用的影响。相关研究表明,部分因素的影响可表示为[2]:

$$f_1(c/\sqrt{ab}) = (c/\sqrt{ab})^{2/3}$$

$$f_3(S) = (1 - S_v)^m$$

式中,S_v 为体积含沙量,m 为大于 2 的指数。研究表明,对于颗粒较细的沙土(2mm$<D$ <0.062mm)、粉土(0.062mm$<D<0.004$mm)和黏土($D<0.004$mm),沙粒形状对泥沙沉速的影响一般不大,且难于测量[3],天然河流中泥沙多属此粒径范围,因此考虑泥沙形状的作用没有太大实际意义。同时,泥沙的絮凝现象一般发生在粒径较小组泥沙($D<0.01$mm)范围内,在泥沙颗粒不是特别细的情况下(天然河流泥沙床沙质粒径一般大于 0.05mm),絮凝作用一般可以忽略不计。对于紊动对泥沙沉速的影响,虽然尚无较精确的理论公式给出,但部分相关的理论分析及试验结果表明,水流紊动作用将在一定程度上降低泥沙颗粒的沉降速度[4,5],因此紊动影响作用可表示为:

$$f_4(u_*) = \alpha\left(\frac{1}{u_*}\right)^{\beta}, \alpha, \beta > 0$$

综合以上分析,在泥沙颗粒不是特别细的情况下,泥沙的有效沉降速度可表示为:

$$\omega = \omega_0 \alpha (1 - S_v)^m \left(\frac{1}{u_*}\right)^{\beta}$$

从上式可以看出,含沙量及紊动强度越大,泥沙有效沉降速度越小。据此,单位时间内沉降到单位面积河床表面的泥沙通量可以表示为:

$$g_{\downarrow} = S_b \omega = S_b \omega_0 \alpha (1 - S_v)^m \left(\frac{1}{u_*}\right)^{\beta}$$

式中,g 代表泥沙通量,符号"$\downarrow$"代表由水体到河床,S_b 表示河床底部水体含沙量。在一定的水流条件和含沙浓度下,S_b 与垂线平均含沙量的关系可用一定的函数关系式表达。虽然根据不同理论推导出的含沙量沿垂线分布公式不一,如扩散理论[6-11]、二相流理论[12,13]、湍流猝发理论[14,15]及随机理论[16]等,但从定性上来讲,一般垂线平均含沙量越大,底部含沙量也越大。选用较简单的莱恩公式,并引入非饱和调整系数[17],经过积分后,不同含沙量水平下垂线平均含沙量与底部含沙量的关系可表示为:

$$S = S_b \frac{ku_*}{6c\omega}(1 - e^{-\frac{6c\omega}{ku_*}}) = K_s S_b$$

式中,c 为非饱和调整系数,次饱和、饱和、超饱和时分别大于 1、等于 1 和小于 1。比例系数 K_s 随水流条件、泥沙粒径及非饱和调整系数的变化趋势如图 2.1-1 所示。从该图中可以看出,水流紊动强度越大、颗粒越细,则比例系数越大、含沙量沿垂线分布越均匀。对于相同粒径泥沙而言,在同一水流条件下,饱和程度越大,比例系数也越大,即含沙量沿垂线分布越均匀。

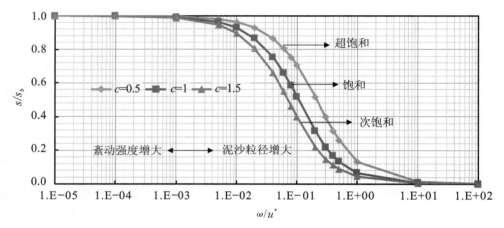

图 2.1-1   河床底部含沙量与垂线平均含沙量关系

将上式代入泥沙沉降通量关系式中可以得到:

$$g_{\downarrow} = w_0 \frac{1}{K_s} S(1-S_v)^m \alpha \left(\frac{1}{u_*}\right)^\beta$$

从上式可以看出,泥沙的沉降通量随泥沙粒径及水流条件的变化规律为:

(1)泥沙粒径越大,K_s 越小,$1/K_s$ 越大,w_0 越大,沉降通量越大。

(2)水流紊动强度越小,K_s 越小,$1/K_s$ 越大,u_* 越小,$1/u_*$ 越大,沉降通量越大。

(3)一般情况下,含沙量越大,$S(1-S_v)^m$ 越大,沉降通量越大。

上式是基于简单的分析而建立的泥沙沉降通量表达式,基于其他理论所建立的表达式也有所不同,如统计理论[18]等。但就定性而言,水体中泥沙的沉降量随泥沙粒径及水流条件的变化规律和上述分析基本是一致的。

2.1.2 河床上的泥沙上扬及影响因素

河床上的泥沙由于受到水流的作用力,当水流达到一定的强度之后,河床上的部分泥沙颗粒即开始脱离床面而进入水体当中,其量的大小受到诸多因素的影响,如颗粒大小、床沙的密实程度、床面的粗糙程度、河床组成及水流条件等。目前,针对泥沙上扬通量的定量描述,根据不同的理论可给出不同的表达式,如统计理论[18,19]、湍流猝发理论[20]等。以依据泥

沙统计理论建立的泥沙上扬通量表达式为例进行分析,其上扬通量可表示为[19]:

$$g_\uparrow = E\left\{\frac{u_*}{\sqrt{2\pi}}e^{-\frac{\omega^2}{2u_*^2}} - \omega\left[1-\emptyset\left(\frac{\omega}{u_*}\right)\right]\right\}$$

式中,E 为河床单位体积中某粒径组泥沙参与交换的床沙总量,$\emptyset$ 为标准正态分布函数。从上式可以看出,泥沙上扬通量与其在河床中的含量成正比。图 2.1-2 所示为上式中右边大括号内的值随 ω 及 u^* 的变化规律。从该图中可以看出,随着粒径的变大,上扬通量有所减少,而随着紊动强度增大,上扬通量则有所增大。

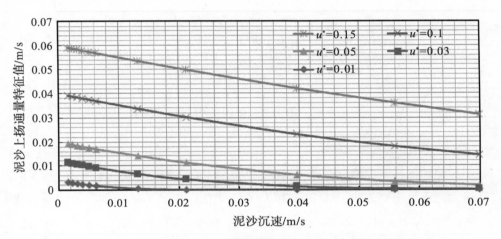

图 2.1-2　泥沙上扬通量特征值随 ω 和 $u*$ 的变化规律

2.1.3　非均匀沙冲淤特点

天然河流无论是来沙还是河床上的泥沙,其组成一般是非均匀的,在同一水流条件下,不同粒径级泥沙的冲淤特点也有所不同。根据上文分析,在同一水流条件和来沙条件下,决定不同粒径级泥沙冲淤规律的主要为泥沙颗粒自身特性和河床组成条件。一般而言,泥沙粒径越粗,则沉降通量越大,上扬通量越小,而河床上的含量越多,上扬通量越大。因此,在同一水流条件下,非均匀沙一般可表现出如下三种冲淤状态:

1. 各粒径组泥沙均淤积

当水流强度较小时,在一定的含沙量水平下,各粒径组泥沙的沉降通量均大于其上扬通量,此时各粒径组泥沙均将表现为淤积,水库淤积即为一个典型的例子。但是由于不同粒径级泥沙其自身特性不同,同一水流条件对其上扬与沉降的影响也有所不同。泥沙粒径越大,其沉降通量越大,因此,在同一水流条件下,粗颗粒泥沙的淤积比例将更大,这在水库的泥沙淤积现象中表现得较为明显。图 2.1-3 所示为三峡水库蓄水后 2004—2007 年粗细颗粒泥沙的淤积比例。从该图中可以看出,$D>0.062$mm 的较粗颗粒泥沙的淤积比例明显大于 $D<0.062$mm 的较细颗粒泥沙的淤积比例。

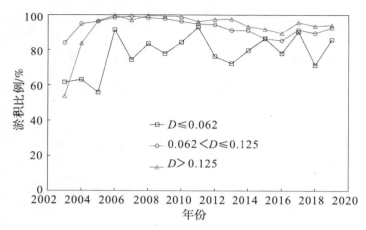

图 2.1-3　三峡水库不同粒径组泥沙淤积比例

2. 粗颗粒泥沙淤积、细颗粒泥沙冲刷

粗颗粒泥沙更易于沉降,而细颗粒泥沙更易于上扬,因此在同一水流条件下,粗细颗粒泥沙有可能表现出不同的冲淤规律,从而出现粗颗粒泥沙淤积、细颗粒泥沙冲刷的现象。图 2.1-4 为三峡水库下游螺山至武汉河段 2003—2009 年不同粒径组泥沙的冲淤情况,从图中可以看出,统计时段内的水沙条件下,$D \leqslant 0.062$mm 的较细颗粒泥沙均处于冲刷状态,0.062mm $\leqslant D \leqslant 0.125$mm 部分泥沙逐渐由淤积状态转为冲刷状态,而 0.125mm $\leqslant D$ 的粗颗粒泥沙在统计时段内均处于淤积状态。

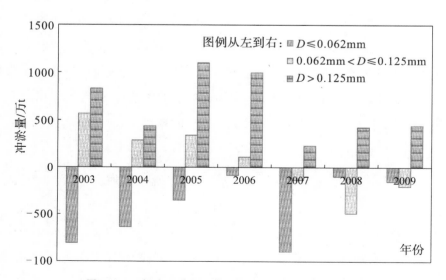

图 2.1-4　螺山至武汉河段 2003—2009 年分组冲淤量

3.各粒径组泥沙均冲刷

当河床组成或者来沙组成发生变化后,各粒径组泥沙有可能均处于冲刷的状态,此时,泥沙的上扬占主导地位。根据上文分析,泥沙粒径大小和河床组成均对泥沙的上扬有着重要的影响,颗粒越粗,泥沙越难以上扬,上扬通量越小,而河床中含量越大,上扬通量也就越大。因此,不同粒径组泥沙冲刷量的大小,既取决于泥沙颗粒自身的特性,又决定于河床组成条件。当河床处于普遍冲刷状态时,河床中含量较多的泥沙,其冲刷量也较大。图 2.1-5 所示为三峡水库蓄水后 2010—2019 年螺山至武汉河段近年来的不同粒径级泥沙冲刷量。从该图中可以看出,除个别年份外,各粒径组泥沙均处于冲刷状态。

上述非均匀沙的三种冲淤状态在天然河流中都是存在的,并与具体的水沙条件相对应。对于水库下游河道而言,能否出现上述三种冲淤状态则视实际情况而异。一般而言,水库修建以后,下游近坝段一般会出现各粒径组泥沙均冲刷的现象。越往水库下游,随着不同粒径组泥沙的恢复,在一定的水沙条件下,如粗颗粒泥沙已经恢复而细颗粒泥沙尚未恢复,且水力条件沿程变弱的情况,则有可能出现粗颗粒泥沙淤积、细颗粒泥沙冲刷的情况,典型如上述三峡水库下游螺山至武汉河段。

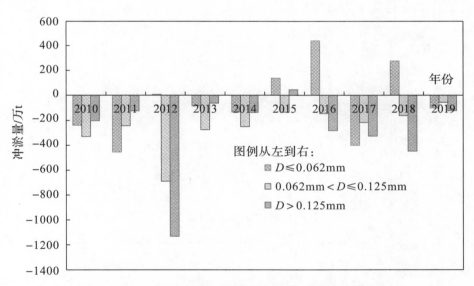

图 2.1-5　螺山至武汉河段 2010—2019 年分组冲淤量

2.2　水库下游非均匀沙恢复的一般特性及机理

2.2.1　水库下游水沙条件变异

水库蓄水以后,将在不同程度上拦截水库上游的来沙。由于水库的规模以及调度方式的差异,不同水库的拦沙比也相差较大。对于一些大型的水库,其初期的拦沙率可达99%以上[21],如科罗拉多河格伦峡坝(Glen Canyon Dam)下游 Lees Ferry 站,蓄水后年均含沙量由蓄水前的 10000ppm 降为 200ppm[22]。同时,由于泥沙自身特性的差异,水库对不同粒径级泥沙的拦截率也有所不同,粗颗粒泥沙几乎全被拦截于库内,只有颗粒很细的泥沙才能被水流挟往下游。同时,年内洪枯水期的拦沙比也有所不同,如尼罗河阿斯旺高坝下游的 Gaafra 站,蓄水后汛期含沙量由建库前的 3760ppm 减少到 46ppm,枯水期则由 42ppm 减少到32ppm[23]。总体而言,修建水库以后,坝下游河段来沙较天然情况下将急剧减少,并且泥沙组成也将有所细化。

另一方面,水库修建以后,将在一定程度上改变水库下游的径流过程,改变程度视水库容积、调度运用方式、泄洪道特性而异。一般而言,径流过程的改变主要表现为水库下泄径流过程的坦化,如出于防洪的目的,一般对洪峰流量进行不同程度的削减,而枯水期则由于航运、发电、灌溉等各方面需求,下泄流量一般有所增加。同时,由于昼夜用电需求量的不同,水库下游的日径流过程也有可能完全改观。图 2.2-1 所示为三峡水库修建后月平均入库、出库流量图,从该图上可以看出,三峡水库对径流过程的调节主要表现为汛后流量削减、枯水期流量增加,年内流量变幅减小。

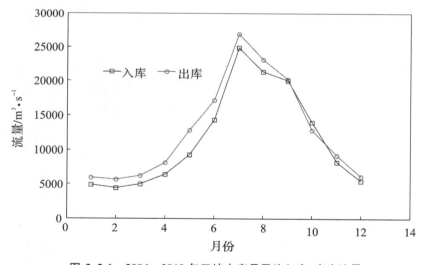

图 2.2-1 2004—2019 年三峡水库月平均入库、出库流量

综合关于水体泥沙沉降通量与河床泥沙上扬通量的影响因素分析可以认为,对于某一河段,水流条件、来沙量、河床组成以及泥沙粒径的不同,都将在不同程度上影响水体泥沙的沉降以及河床泥沙的上扬,从而导致不同粒径级泥沙在不同水沙条件及河床组成条件下两者对比的差异,使之表现出不同的冲淤状态。水库修建以后,由于拦截了大量泥沙,下泄水流含沙量急剧减少。从含沙量对泥沙沉降与上扬的影响来看,其变化必将引起下游河道泥

沙沉降量的大幅减少,而对河床上泥沙的上扬却无明显影响(河床冲刷后水流要素调整以及径流过程改变则另当别论)。在此情况下,受来沙量减少幅度及水库蓄水前河床冲淤状态的不同影响,下游河床冲淤状态必将发生调整,各种可能的调整方式如图 2.2-2 所示。当然,一般对于水库下游河道而言,其来沙减少往往是突变性的,且变幅较大,因此水库下游河段冲淤状态的转化往往也是突变性的,可能由蓄水前的淤积状态直接转化为冲刷状态,与图 2.2-2 中所示的冲淤状态转化有一定的差异。

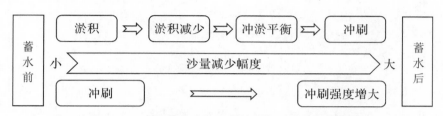

图 2.2-2　水库蓄水前后沙量变化对河道冲淤状态的影响

从已建大型水库下游河道的冲淤情况来看,水库蓄水以后,由于沙量减少幅度较大,坝下游河道一般将处于长时期、长距离的冲刷状态。伴随着河床冲刷,水库下游的泥沙输移也将表现出沿程恢复的现象。因此,来沙的减少是沿程出现沙量恢复现象的根本原因。由于不同水沙条件对不同粒径级泥沙沉降与上扬的影响不同,其恢复现象也有所差异。

2.2.2　非均匀沙恢复的一般特性及机理

水库调节径流,同时拦截泥沙,改变了水库下游河道的水沙条件,必然会破坏水库下游河道蓄水前的冲淤状态。从决定河床冲淤的泥沙交换来看,水沙条件改变以后,水库下游河段水体中泥沙的沉降与河床上泥沙的上扬强度必然发生变化,两者的对比关系也将随之改变。一般而言,在一定河段范围内,后者将占有主要地位,从而使得河床上的泥沙不断的进入水流中,含沙量沿程不断增加,从而使河道沿程表现出沙量恢复的现象。对三峡水库下游的实测资料分析表明,水库下游的泥沙恢复现象一般具有以下几个特性,各特性的内在机理与水沙条件对泥沙沉降与上扬的影响密切相关。

1. 随水库运用时间的增加,沙量恢复程度逐渐减小、恢复的距离逐渐延长

图 2.2-3 所示为三峡水库下游河段平均含沙量变化图,从该图中可以看出,三峡水库建成以后,下泄沙量的持续减少使河床处于持续冲刷状态,沙量的恢复程度逐渐减小,年平均含沙量均呈逐年递减的趋势,说明沿程沙量的恢复程度在逐年变小。同样的变化趋势也存在于其他河流已建水库的下游,如钱宁和麦乔威等曾分析了由马(Yuma)水文站(胡佛坝下游 520km 处)在 1933—1951 年床沙质与冲泄质输沙量的逐年变化过程,结果表明在胡佛坝建成的前四年中,由马站的床沙质输沙量减少趋势并不明显,自水库至本河段沙量可以完全

恢复。而后随着上游一系列梯级水库相继建成,下泄沙量的持续减少使河床处于持续冲刷状态,沙量的恢复程度开始逐渐减少[24]。胡佛坝和派克坝下游沿程输沙率也随时间的推移而逐渐变小[25],说明沿程沙量的恢复程度在逐年变小[25]。

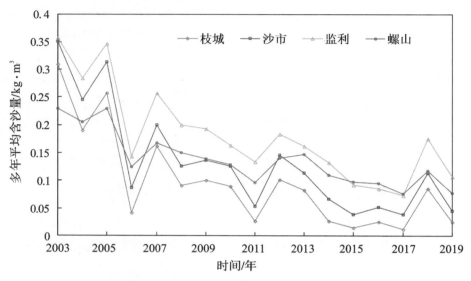

图 2.2-3　三峡水库下游年平均含沙量变化

从沙量恢复距离(沿程输沙量呈递增趋势的河段长度)来看,一般随着蓄水时间的增加,沙量恢复距离也在逐年延长。水槽试验结果分析表明,冲刷率与冲刷历时之间成指数关系[26],如下所示:

$$\frac{\Delta E}{\Delta T} = \frac{a}{T^b}$$

式中,指数 b 与床沙组成中水流所不能带动的泥沙颗粒所占百分比有关。根据对美国大量水库的资料分析,Williams 和 Wolman 建议用下式表示冲刷率与冲刷持续时间的关系[27]:

$$\frac{\Delta E}{\Delta T} = \frac{1}{c_1 + c_2 T}$$

式中,c_1 和 c_2 均为系数。上述两式在形式上是相似的,都反映了河床冲刷在水库蓄水伊始发展较快,尔后随冲刷历时增加而冲刷速度不断减缓,最后趋近于零的物理本质。沙量恢复与河床的冲刷是一致的,沙量恢复也因此表现出水库蓄水伊始恢复程度较大、恢复距离较短,尔后随水库运用时间的增加,恢复程度逐渐减小、恢复的距离逐渐延长的现象。

图 2.2-4 所示为三峡水库下游各站多年平均含沙量沿程变化。从图中可以看出,在三峡水库蓄水后的前六年内,枝城至监利含沙量恢复明显,监利以下含沙量沿程递增趋势不明显。随着时间的推移,2009—2014 年监利以下多年平均含沙量沿程减小的趋势趋缓,而进

入 2015—2019 年,监利以下螺山至九江站沿程含沙量已呈递增趋势。上述变化表明,随着三峡水库蓄水时间的延长,含沙量沿程恢复的距离在逐渐延长。

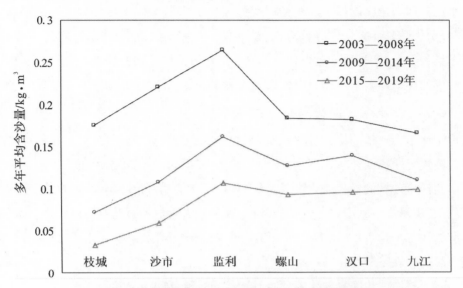

图 2.2-4　三峡水库下游各站多年平均含沙量沿程变化

上述沙量恢复随水库运用时间的增加,恢复程度逐渐减小、恢复距离逐渐延长的现象,与影响泥沙上扬与沉降的主要因素随时间的变化是密切相关的。

首先,在水库蓄水初期,下游河道的床沙补给尚比较充分,河道断面的水力要素尚未进行大幅度调整,从泥沙交换的角度来看,床沙的上扬强度较蓄水前并无大的变化,但水库自蓄水伊始就已拦截了大量泥沙,各粒径组泥沙下泄沙量均有大幅度的减少,这将直接导致水体泥沙沉降强度的降低。这两方面综合作用的结果就是河床泥沙不断进入水流。因此,蓄水初期水库下游河床将发生大幅度的冲刷,大量泥沙进入水流中,沙量沿程恢复程度较高,在河床补给充分的条件下,在较短河段内就可以得到恢复,恢复距离较短。

其次,随着水库蓄水运用时间的增加,若河床上的泥沙补给量有限,则随着河床的不断粗化,泥沙将越来越难以被冲刷进入水流,泥沙上扬强度随之减小,床沙的补给速度相应趋缓,恢复程度开始降低。而床沙补给量的不足势必导致冲刷向下游发展,处于沙量恢复状态的河段距离则随之延长。若河床泥沙补给充分,则河床将处于持续的冲刷状态,断面的水流要素也随之调整,水流强度将逐渐降低,这将导致床沙上扬强度的不断减小,而相同含沙量水平下的泥沙沉降强度逐渐增大,两方面的综合作用使河床冲刷强度减弱,冲刷速率趋缓,沙量恢复程度减小,冲刷向下游发展,恢复距离也因此延长。

综上所述,在床沙补给变化和断面水力要素调整两方面的综合作用下,随着水库蓄水运用时间的增加,河床泥沙的上扬强度将逐渐减小,而水体泥沙的沉降强度将逐渐增大,河床冲刷强度因此将不断降低,并向下游河段发展。与此相应,沙量的恢复程度将逐渐减小,而恢复距离将逐渐延长。

从水流挟沙力角度同样可以解释随蓄水运用时间增加,沙量恢复程度逐渐降低、恢复距离逐渐延长的现象。钱宁[25]等曾对堆积性河流、水流挟沙力沿程递减情况下,冲刷河段范围越来越长、含沙量恢复程度越来越小的机理进行了分析。但究其根本,仍然是决定泥沙交换强度的因素随水库蓄水运用时间的增加而发生变化,最终导致沙量恢复表现出上述特性。

2. 不同粒径组泥沙恢复能力与恢复距离不同

已建水库下游河道的统计资料表明,细颗粒泥沙恢复距离一般较长,恢复程度较小,而粗颗粒泥沙恢复距离较短,恢复程度较大。图 2.2-5 所示为三峡水库蓄水以后,水库下游不同粒径组泥沙含沙量的沿程变化情况。从该图上可以看出,粒径越大,沙量恢复的速度就越快,恢复程度也越大。其中,$D>0.125\text{mm}$ 的粒径较大组泥沙至监利河段已经基本能够恢复至建库前的多年平均水平,而 $D<0.031\text{mm}$ 的较细粒径组泥沙沿程则一直处于恢复状态,至大通河段仍未恢复至建库前水平。

在水库下游的泥沙恢复现象中,细颗粒泥沙的长距离恢复实际上包含了两种,一种是在河床中占有一定比例、属于床沙质范畴的细沙,属于河床的冲刷补给而导致的沙量恢复,另外一种是在河床中所占比例极少、基本为冲泄质的极细沙,属于区间来沙汇入而导致的沙量恢复。

非均匀沙恢复特性不同的原因比较复杂,本书从泥沙交换角度对不同粒径级泥沙恢复特性的差异进行分析。首先,水库对不同粒径组泥沙的拦截率不同,下泄沙量的减少率也就有所差异。对于水库下游而言,沙量减少率的不同对泥沙沉降通量变化率的影响也就有所不同,因此不同粒径组泥沙沉降通量与上扬通量对比作用的变化也有所不同,沙量恢复的程度也就有所差异。一般而言,在河床补给量较充分的条件下,水库的拦沙率越大,则水库下游泥沙的沉降作用降低幅度就越大,相对而言,河床泥沙的上扬作用就越大,沙量恢复效应也就越明显。一般而言,水库对粗颗粒泥沙的拦截率相对较大,因此其相应的恢复效应较明显。其次,不同粒径组泥沙在河床中的含量不同也造成沙量恢复的过程中补给量的差异。就沙量恢复的绝对值而言,在各粒径组泥沙普遍冲刷的情况下,河床中含量越多,则进入水流中的泥沙也就越多,沙量恢复的绝对值也就越大。第三,同一水流条件下,泥沙粒径不同,床沙的上扬和沉降特性也有所差异。在沙量沿程恢复过程中,达到两者作用相当的河段位置也不相同,这不仅造成沙量恢复绝对值的不同,也导致恢复距离有较大差异。在以上各因素的影响下,不同粒径组泥沙的恢复能力与恢复距离将各有不同。

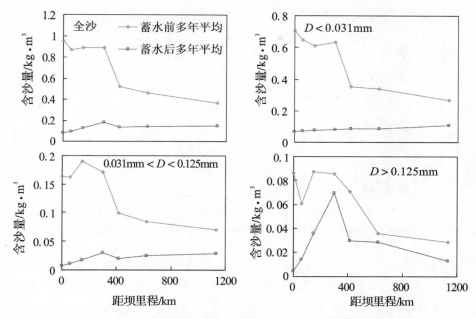

图 2.2-5　三峡水库蓄水后坝下游不同粒径组泥沙沿程含沙量变化

从泥沙交换角度来看,泥沙粒径越小,同一水流条件下泥沙的沉降强度会越小,上扬强度会越大,因此从定性上来判断,应该是细颗粒泥沙的恢复能力更大。对于非均匀沙河床,在冲刷组成与河床组成的比值关系方面,细颗粒泥沙的这一比值应该更大。长江中游宜昌—沙市河段属于卵石夹沙河床[28,29],三峡水库蓄水后 2003—2007 年床沙粗化现象比较明显。图 2.2-6 所示为根据宜昌与沙市站的分组输沙量(同时考虑松滋口与太平口分沙)计算的各粒径组泥沙冲刷比例与其在河床中相应含量的比值,从该图中可以看出,细颗粒的这一比值明显比粗颗粒的比值大,符合上述分析的一般规律。因此,细沙恢复能力较粗颗粒泥沙更大。

在数学模型中通常采用综合恢复饱和系数 α 来计算含沙量的沿程变化[30]:

$$\frac{\alpha QS}{\alpha x} = -\alpha \omega B(S-S^*)$$

α 反映了含沙量向挟沙力靠近的恢复速度。韩其为近期研究的计算结果表明,随着粒径的减小,泥沙恢复饱和系数逐渐增大[17],即含沙量恢复速度越快,这与从泥沙交换角度定性分析得出的结论是一致的。但就恢复距离而言,它还受到水流挟沙力的影响。假定挟沙力沿程不变、进口含沙量为零,上式的解析解为[19]:

$$\frac{S}{S^*} = (1-e^{-\frac{\alpha \omega L}{q}})$$

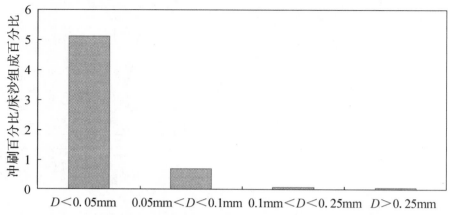

图 2.2-6　三峡水库下游宜昌至沙市河段 2003—2007 年分组沙冲刷比例与床沙含量比值

式中，q 为单宽流量。从上式中可以看出，水流挟沙力越大，则达到相同饱和度所需要的河段长度 L 就越长。显而易见，泥沙颗粒愈细，水流挟沙力越大，需要从河床中补给更多的泥沙，恢复距离也就越长。图 2.2-7 所示为假定恢复饱和系数相同的条件下，根据上式计算的含沙量沿程恢复情况，与定性分析结果一致。因此泥沙的恢复距离是受恢复速度与水流挟沙力的双重影响。

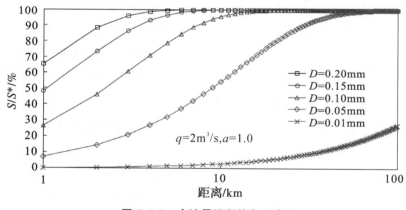

图 2.2-7　含沙量沿程恢复示意图

对于天然河道河床组成非均匀化的情况，在冲刷的条件下，各粒径组泥沙的恢复幅度及恢复距离除了受泥沙颗粒本身的影响之外，更大程度上还受制于河床中含量的多寡。从泥沙交换角度来看，床沙组成对非均匀沙恢复距离的影响主要体现在细颗粒泥沙补给量不足，导致其上扬强度受到限制，从而使其恢复距离较长。以长江中游宜昌—螺山河段为例，根据三峡水库蓄水后宜昌、荆江三口和七里山站 2003—2006 年多年平均输沙量和三峡水库蓄水前螺山站的多年平均输沙量，可计算出当螺山站各粒径组泥沙输沙水平恢复至建库前水平时所需要从河床中补给的量，再根据河段河床中本粒径组泥沙中的含量，可计算出各粒径组泥沙恢复至建库前水平时河床相应的冲刷深度,计算结果如表 2.2-1 所示。其中多年平均输沙量资料来自文献[31],河床级配资料来自文献[32]。从表中可以看出,泥沙粒径越大,恢复至蓄水前输沙量水平所需的河床冲刷深度就越小,且细颗粒泥沙的所需值远大于粗颗粒泥沙的所需值。与实际恢复水平所需的冲刷深度相比,细颗粒泥沙实际所需的冲刷深度远小于恢复至蓄水前输沙水平的所需值,因此其输沙量水平不可能恢复至蓄水前的多年平均值。沙量得不到恢复(此处假定蓄水前多年平均值与河段的输沙能力相当),因此细颗粒泥沙的冲刷势必将向下游发展,恢复距离将大大延长。而对比 $D > 0.125mm$ 粗颗粒实际所需冲刷深度与恢复至蓄水前输沙水平的所需值,可以发现两者基本相当,说明此粒径组泥沙在本河段内即可得到恢复。

综合以上分析可以认为,水库下游非均匀沙的恢复不仅决定于泥沙颗粒自身的特性,还取决于河床中可补给的多少。一般而言,细颗粒泥沙的恢复能力较强,但受挟沙力较大以及河床补给量的限制,恢复程度比较小、恢复距离较长。粗颗粒泥沙由于补给比较充分,恢复程度比较大、恢复距离较短。

表 2.2-1　　　2003—2006 年宜昌至螺山河段不同粒径组泥沙蓄水前输沙水平与
实际输沙水平对应的年平均冲刷深度

粒径范围	$D < 0.031mm$	$0.031mm < D < 0.125mm$	$D > 0.125mm$
河床中各粒径组比例/%	5.04	17.26	77.70
需恢复沙量/万 t	21810	6958	4982
完全恢复河床需冲刷深度/m	5.34	0.50	0.08
实际恢复沙量/万 t	1176	1115	2472
实际恢复河床需冲刷深度/m	0.29	0.08	0.04

3. 水库下游各粒径组泥沙多年平均输沙量均不超过建库前多年平均水平

统计分析国内外不同类型河流(包括长江、黄河、密苏里河、尼罗河、格林河等 14 条河流,以及各种不同类型和调度方式的水库)水库下游的冲淤与输沙量变化情况以及丹江口和三门峡水库下游分组输沙量的恢复过程,结果表明[33,34]:水库下游的冲刷随时间自上而下发展,不同粒径的沙量沿程都有所恢复,但恢复距离不同。在建库后的冲刷过程中,同一河段无论何种粒径组的多年平均输沙量都不会超出建库前的多年平均水平,这是与河流自然条件、水库运行方式无关的普遍规律。三峡水库下游的非均匀沙输移表现出了同样的规律。从图 2.2-5 中可以看出,三峡水库下游各粒径组泥沙输沙水平均未超出建库前的平均水平。

钱宁等[25]在分析水库下游含沙量大为减少的原因时认为,需要从两个方面进行考虑:一个是有没有泥沙,另一个是水流能否带得了泥沙。对于冲泄质来说,虽然水流挟带这部分泥沙的能力非常之大,基本上有多少就能带走多少,但当上游来沙隔断以后,下游河床中却缺乏这样的泥沙补给。另一方面,对于床沙质而言,虽然河床中不乏这样的泥沙,水流可以得到充分的补给,但建库以后,流量减少,洪峰调平,加之断面水力要素调整,水流挟带床沙质的能力不如建库前。两个方面的影响使得建库后输沙量水平不会超过建库前水平。

从泥沙交换角度来看,上游建库后,下游河道在沙量恢复的过程中,河床发生冲刷,过水面积增大,水流条件经过一定的调整之后,流速和紊动强度相应减小。根据水流条件对泥沙沉降与上扬的影响,对于床沙质而言,一方面,同样含沙量水平下水体泥沙的沉降强度会有所增大,因此达到建库前同样水平的沉降量所需的水体泥沙含量减小,亦即在较小含沙量水平下沉降通量即可与建库前的上扬通量水平持平而达到冲淤平衡状态;另一方面,水流条件减弱后,河床泥沙上扬强度会有所减弱,对应冲淤平衡时的沉降通量则有所减少,亦即在较小含沙量水平下即可达到冲淤平衡状态。综合以上两个方面影响可以认为,河床冲刷后,在较小的含沙量水平下,泥沙沉降通量与上扬通量即可达到持平而使河床处于冲淤平衡状态,因此在水库下游沙量恢复过程中,即使沙量得到充分的恢复,河道输沙也不会超过建库前的多年水平。

2.3 三峡水库下游非均匀沙恢复特性

2.3.1 非均匀沙冲淤对来沙的响应

本节依据泥沙守恒原理和实测资料,建立了长江中游宜昌至武汉河段非均匀沙年冲淤量与上游来沙量的相关关系,以此来分析长江中下游非均匀沙的冲淤特性。

1. 研究方法

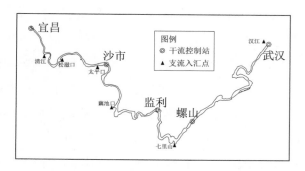

图 2.3-1 江中游宜昌—武汉河段示意图

长江中游宜昌至武汉河段,全长约 621km。河段自上而下有清江、汉江等较大支流入汇,同时通过荆江三口、洞庭湖湖口等与洞庭湖水系相通,江湖关系颇为复杂。根据沙量守恒原理,通过计算河段各粒径组泥沙输入输出量之和即可求出河段内相应粒径组的冲淤量。根据水文控制站分布,将河段划分为宜昌—螺山、螺山—武汉两个河段进行研究,各河段进出水沙控制站如表 2.3-1 所示。根据泥沙守恒,各河道冲淤量计算公式如下:

宜昌—螺山河段:

$$ED_{yl} = G_{y,s} + G_{c,s} - G_{xs,s} - G_{m,s} - G_{kg,s} + G_{q,s} - G_{l,s}$$

螺山—武汉河段:

$$ED_{bw} = G_{l,s} + G_{x,s} - G_{h,s}$$

式中,ED 代表冲淤量,G 代表输沙量,其第一个下标代表各分汇流名称,以其首字母表示,第二下标代表类别,s 表示沙量。

表 2.3-1　　　　　　宜昌—螺山、螺山—武汉河段进出水沙控制站

河段名称	控制站名称	分汇流特性
宜昌—螺山	宜昌	河段进口
	长阳	清江汇流
	新江口、沙道观	松滋口分流
	弥陀寺	太平口分流
	康家港、管家铺	藕池口分流
	七里山	洞庭湖汇流
	螺山	河段出口
螺山—武汉	螺山	河段进口
	仙桃	汉江汇流
	汉口	河段出口

研究资料采用年统计值,统计年限自 20 世纪 50 年代至 2008 年,资料主要来源于水文站公布的年统计值,部分来源于中国河流泥沙公报[35]、原型观测报告[36]及洞庭湖的统计分析资料[37]等。需要指出的是,统计资料中缺乏部分 20 世纪 60 年代与 90 年代的泥沙级配资料,特别是清江、汉江等支流资料缺失更多。对于干流缺失的资料,若非各站同时缺失,则尽量采用相近时期的多年平均值或通过建立相关关系对缺失部分进行插补。对于支流缺失的资料,由于与干流相比所占比重较小,缺失资料一般做近似为零处理。根据统计资料泥沙分组情况,将泥沙分为 4 组:$D<0.05\text{mm}$、$0.05\text{mm}<D<0.1\text{mm}$、$0.1\text{mm}<D<0.25\text{mm}$ 和 $D>0.25\text{mm}$,其中 D 为泥沙粒径。同时,统计资料中 1954 年及 1998 年特大洪水年资料不完整,因此下文分析中未包括特大洪水年的资料。特大洪水年水沙系列的特殊性将对统计曲线产生重大影响,上述处理能更好地反映一般水文年的统计规律。

2.非均匀沙年冲淤量与来沙量关系

图 2.3-2 和图 2.3-3 所示分别为宜昌—螺山、螺山—武汉河段各粒径组泥沙年冲淤量与来沙量的相关关系,图中同时给出了线性回归方程及相应的相关系数平方值 R^2。两图中实心点数据为三峡水库蓄水后 2003—2007 年的数据。两图中线性回归方程可统一表示为:

$$ED = aG_s - b$$

式中,ED 表示河段泥沙冲淤量,G_s 表示河段进口泥沙输入量,a、b 分别为正值系数及常数。从公式形式来看,a 值可代表单位来沙量改变引起的下游河段冲淤量:淤积时代表单位来沙淤积比例,冲刷时代表单位来沙减少引起的下游河段冲刷量;b 值可表示当上游为清水输入时,经过河床补给后至河段下游的沙量恢复值,$G_{s0} = b/a$ 为回归直线与 x 轴的交点,代表河段冲淤平衡时对应的上游来沙量,亦即水流挟沙力。

分析图 2.3-2 和图 2.3-3 的相关关系不难看出:

(1)a 值随粒径的增大而增大,即淤积时单位来沙量增加导致的淤积量随着粒径的增大而增大,冲刷时单位来沙量减少引起的下游河段冲刷量也随粒径增大而增大。如淤积时,宜昌—螺山河段颗粒由细到粗,每 1t 来沙将分别有 0.094t、0.357 t、0.574 t 和 0.933 t 淤积在河道中,而螺山—武汉河段,淤积数值则由 0.14 t 逐渐增大到 0.982 t。对于不包含冲泄质的粒径组,宜昌—螺山河段 $D>0.25$mm 粒径组泥沙单位来沙量淤积比例是 0.05mm$<D<$ 0.1mm 粒径组泥沙淤积比例的 2.62 倍,而螺山—武汉河段则达到 3.65 倍。

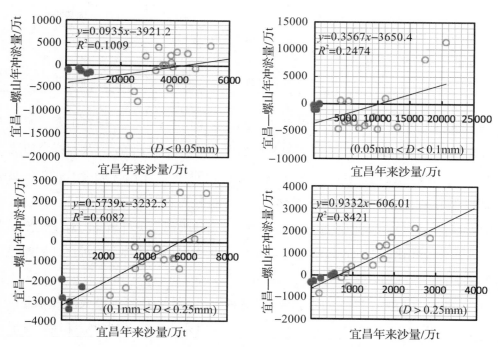

图 2.3-2 宜昌—螺山河段分组冲淤量与来沙量关系

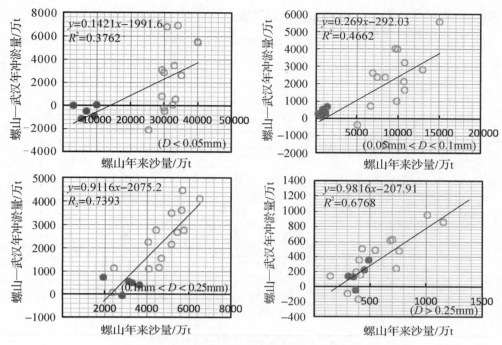

图 2.3-3　螺山—武汉河段分组冲淤量与来沙量关系

许炯心等[38]从水流挟沙力及水流输送泥沙消耗能量等方面分析了淤积时产生这一现象的原因:粒径越大,一方面水流挟沙力越小,另一方面输送同量泥沙需要消耗的水流的有效能量越多,单位输入沙量的淤积比例也就越高。而从泥沙交换的角度来看,粒径越大,沉降强度越大,而上扬强度越小,因此淤积时单位来沙量引起的淤积量也就越多。对于冲刷情况,虽然粒径越大,泥沙的上扬强度越小,但冲刷量的多少还受制于河床组成。在河床冲刷过程中,若各组泥沙不能全部被冲刷,则河床将迅速形成粗化保护层,即使河床中存在的较细颗粒能够起动,但由于粗化层的保护作用,难以被冲刷。若河床泥沙能够被全部冲刷,则单位来沙量减少所引起的下游河道冲刷量将主要取决于河床补给量的多少。图 2.3-4 所示为根据三峡水库蓄水前后实测数据绘制的宜昌—武汉河段河床各组泥沙含量。从该图中可以看出,宜昌—陈家湾河段随粒径的增大,其在河床中所占比例也越大,陈家湾以下除 $D>$ 0.25mm 粒径组外,其他粒径组泥沙也表现出同样规律:粒径越大,其在河床中所占比例越大。这表明,当河床发生冲刷时,在悬移质粒径范围内,粒径越大,河床可补给量就越大。这就解释了粒径越大,单位来沙量减少引起的下游河段冲刷量也就越大的现象。

(2)R 值随粒径的增大而增大,即泥沙粒径越粗,河段年冲淤量与年输入沙量的相关性就越好。从图 2.3-2 及图 2.3-3 中可以看出,对于 0.05mm$<D<$0.1mm 粒径组泥沙而言,相关系数平方值为 0.25~0.46,而对于 $D>$0.1mm 粒径组泥沙而言,相关系数的平方值可达 0.6~0.8。这表明,宜昌—武汉河段 0.05mm$<D<$0.1mm 粒径组泥沙年冲淤量与来沙

量有一定关系,而 $D>0.1mm$ 粒径组泥沙年冲淤量与来沙量的关系极为密切。从图 2.3-4 中也可以看出,对于 $D<0.05mm$ 粒径组泥沙,除石首—监利河段河床中含量稍大外,其他河段的河床中含量都非常小,基本上属于冲泄质范畴,因此其年来沙量与河段年冲淤量之间相关性比较差也是可以理解的。

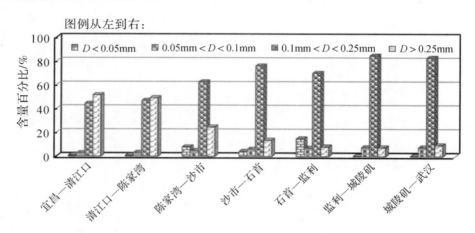

图 2.3-4　宜昌—武汉河段河床泥沙组成

(3)G_{s0} 值随粒径的增大而减小,即粒径越大,下游河道不发生淤积的年来沙量越少,河段的输沙能力越小。图 2.3-5 所示为宜昌—螺山和螺山—武汉河段的进口宜昌与螺山站不同粒径组泥沙冲淤平衡时年来沙量及三峡水库蓄水前和蓄水后的多年平均来沙量。从图中可以看出,颗粒由细到粗,两个河段冲淤平衡的临界年来沙量都迅速减小。对于宜昌—螺山河段,三峡水库蓄水前后各粒径组的多年平均来沙量均小于冲淤临界年来沙量,河段多年平均表现为冲刷。三峡水库蓄水以后,来沙量进一步减少,河段将长期处于冲刷状态。对于螺山—汉口河段,三峡水库蓄水前各粒径组多年平均输沙量均大于冲淤临界年来沙量,河段多年表现为淤积状态;三峡水库蓄水以后,$D<0.1mm$ 的粒径较小组泥沙多年平均值小于冲淤临界来沙量,该组泥沙表现为冲刷。而 $D>0.1mm$ 的粒径较大组泥沙多年来沙量仍大于临界值,该组泥沙表现为淤积。从冲淤平衡临界来沙量的沿程变化来看,不同粒径组泥沙均表现出同样的规律,即上游宜昌—螺山河段的临界来沙量要大于下游螺山至武汉河段的,这与天然河流水力要素一般呈沿程递减的趋势是密切相关的。

(4)对于在河床中占绝对优势的 $D>0.1mm$ 粒径组泥沙而言,单位年来沙量改变引起的河道冲淤量改变值,下游河段要大于上游河段,这主要与水流挟沙力沿程逐渐变小有关。图 2.3-6 所示为 2002 年不同流量下宜昌—武汉河段挟沙力指标 u^3/gh 的沿程变化图。从该图上可以看出,自上而下挟沙力指标总体上呈逐渐变小趋势。因此在年来沙量相同的情况下,下游河段的淤积比例要大于上游河段。

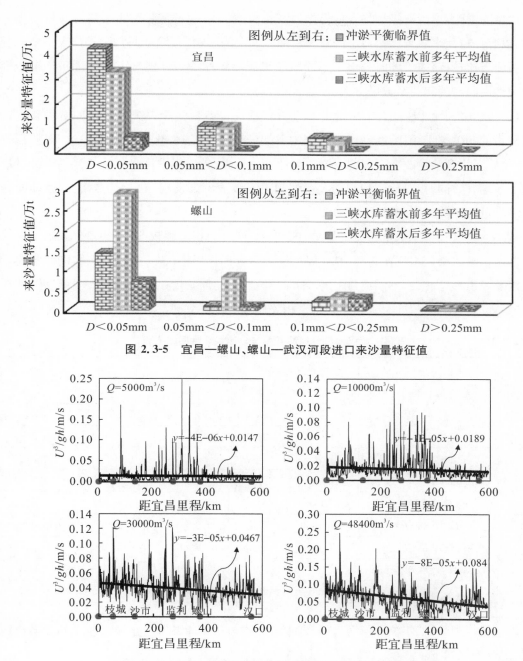

图 2.3-5　宜昌—螺山、螺山—武汉河段进口来沙量特征值

图 2.3-6　宜昌—武汉河段不同流量下挟沙力指标沿程变化图

河床冲淤不仅受来沙量影响，来水量对其也有一定影响。为分析不同粒径组泥沙年冲淤量与来水来沙量关系，最佳的选择是建立年冲淤量与来水量和来沙量的二元回归方程。而双因素分析一般要求两个因素相互独立，并且无交互作用。天然河道中，来水量与来沙量本身即存在一定的相关关系，显然其不满足双因素分析对变量的要求。因此，为同时考虑来

水来沙量的影响,本节取年平均含沙量作为因变量,建立了年冲淤量与年平均含沙量的相关关系,以此分析年来水来沙量对不同粒径组泥沙冲淤的影响,其线性回归公式如表 2.3-2 所示。为便于比较,该表中同时列出了不同粒径组泥沙年冲淤量分别与年来水量和年来沙量进行线性回归时的相关系数平方值。

从表 2.3-2 中可以看出,年冲淤量和进口年平均含沙量的相关关系与年冲淤量和进口年输沙量的相关关系相比,线性回归方程中系数 a 及 R^2 值的变化规律基本一致,即粒径越大,单位年平均含沙量改变引起的下游河道冲淤量越大、进口年平均含沙量与河段年冲淤量相关关系越好。同时,对比两种相关关系的相关系数值不难发现,两者基本相当,亦即同时考虑来水量的影响时,相关性无明显变化。

从年冲淤量和年来水量相关系数平方值来看,两者的相关性较差,但并不代表来水量对河床冲淤影响较小。水流作为河道输沙的动力,其发挥作用不仅与总水量有关,同时与流量过程以及河道形态有关,不同河道形态、不同河段对应的冲淤规律不同,如"涨淤落冲""涨冲落淤"等规律。因此,年冲淤量和年来水量相关性较差是可以理解的。

表 2.3-2　　　　　　　　宜昌—武汉河段分组冲淤量与含沙量线性回归方程

河段	粒径组	线性回归方程 $ED=aG_{w/s}-b$		R^2		
		a	b	$ED=f(G_{w/s})$	$ED=f(G_s)$	$ED=f(G_w)$
宜昌—螺山	$D<0.05mm$	4304	4090	0.108	0.100	0.003
	$0.05mm<D<0.1mm$	15788	3663	0.235	0.247	0.018
	$0.1mm<D<0.25mm$	24956	3220	0.557	0.608	0.225
	$D>0.25mm$	41086	622	0.856	0.842	0.051
螺山—武汉	$D<0.05mm$	8036	1582	0.304	0.367	0.023
	$0.05mm<D<0.1mm$	18838	482	0.566	0.466	0.059
	$0.1mm<D<0.25mm$	62190	2395	0.790	0.739	0.006
	$D>0.25mm$	67590	250	0.663	0.676	0.082

以上规律表明,就年统计值而言,长江中游非均匀沙年冲淤量与年输入沙量的关系比较密切,主要规律如下:

(1)长江中游宜昌—武汉河段年冲淤量与年来沙量相关性随着泥沙粒径增大而增强,即来沙粒径越大,年来沙量与河道年冲淤量关系越密切。

(2)粒径越大,河道的输沙能力越小,冲淤平衡时对应的年输入沙量越小。

(3)随着来沙粒径的增大,单位年来沙量或年平均含沙量改变引起的下游河道冲淤量逐渐增大,河道水流挟沙力越小。若通过控制进入螺山—武汉河段泥沙输入量而达到减少河段淤积、减轻防洪压力的目标,减沙对象选择 $D>0.1mm$ 粒径组相对其他粒径组泥沙效果更明显。

值得指出的是,上文分析资料采用年统计值,忽略了年内流量过程对河道冲淤的影响,也未考虑河型等其他因素的影响,同时统计资料完整性不好,对统计结果也会造成一定影响。进一步的研究应考虑上述不足,强化三峡水库蓄水运用后统计资料的运用,以得出更切合未来实际水沙条件下河道的冲淤响应规律。

2.3.2　三峡水库下游沙量恢复特性

1. 20 世纪 90 年代前后输沙变化特性

20 世纪 90 年代前后,受水利工程拦沙、降雨时空分布变化、水土保持、河道采砂等因素的综合影响,进入长江中游的水量虽然变化不大,多年平均值仅减少约 2.39%,但多年平均年输沙总量减少却非常明显(表 2.3-3),减少幅度达 25%。在此情况下,长江中游沿程各站同径流量输沙水平均经历了一个减少的过程,如表 2.3-4 和图 2.3-7 所示。

表 2.3-3　　　　　　　　　2002 年以前宜昌站径流量和输沙量

项目	多年平均年径流量		多年平均年输沙总量	
单位	$10^8 m^3$		$10^4 t$	
统计时间	1950—1990 年	1991—2002 年	1950—1990 年	1991—2002 年
统计值	4391	4286	52116	39145
变化幅度	−2.39%		−24.90%	

表 2.3-4　　　　长江中下游各站 2002 年以前水沙输移变化

项目	时段	宜昌	沙市	监利	螺山	汉口	大通
径流量 ($10^8 m^3$)	1990 年以前	4391	3924	3500	6411	7084	8911
	1991—2002 年	4286	3997	3819	6608	7261	9530
	变化率(%)	−2.39	1.87	9.09	3.07	2.50	6.95
输沙量 ($10^4 t$)	1990 年以前	52116	46314	37632	43785	42555	45442
	1991—2002 年	39145	35500	31492	32015	31184	32692
	变化率(%)	−24.89	−23.35	−16.32	−26.88	−26.72	−28.06
年平均含沙量 (kg/m³)	1990 年以前	1.187	1.180	1.075	0.683	0.601	0.510
	1991—2002 年	0.913	0.888	0.825	0.485	0.429	0.343
	变化率(%)	−23.05	−24.75	−23.29	−29.06	−28.50	−32.73

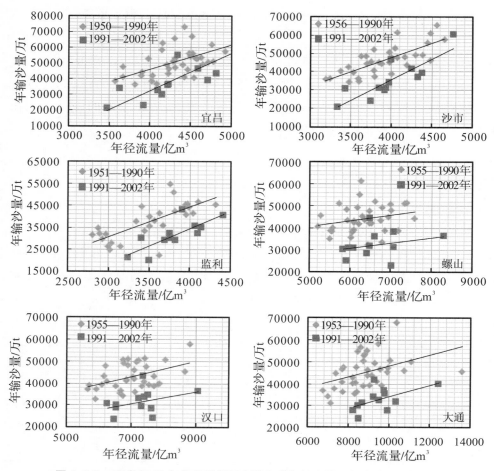

图 2.3-7　20 世纪 90 年代前后长江中游各站年径流量—年输沙量关系变化

分析表 2.3-3、图 2.3-7、表 2.3-4 中不同河段水沙变化情况可以看出：

(1)宜昌至监利河段：一方面虽然宜昌站多年平均年径流量有所减少，但下游沿程各站均有所增加；另一方面，同径流量下宜昌站输沙量明显减少以后，下游沿程各站也明显减少。在宜昌多年平均年输沙总量减少 25％的情况下，下游沿程各站减小幅度较宜昌站逐渐减小，至监利站减少幅度降为 16％。

径流量的沿程变化是由三口分流比减少所引起的。1990 年以前，三口多年平均分流比约为 22％，1991—2002 约为 14％，分流比减小约 8％，这与监利站多年平均年径流量增加幅度大体相当。

对于输沙量的变化，一方面径流量的增加导致输沙量也相应增加；另一方面，三口分沙比的减少也是长江干流输沙量的增加的原因：1990 年以前及 1991—2002 年三口多年平均分沙比分别为 29％和 17％，减小幅度约为 12％。

从多年平均含沙量变化来看，较宜昌而言，沙市、监利降幅略有增大，可认为降幅与宜昌站基本持平。因此我们可以认为,在宜昌站径流量变化不大、输沙量明显减少的情况下,宜昌—监利河段由于河床冲刷补给而导致的沙量恢复现象并不明显。

(2)监利至大通河段:至螺山站,多年平均年径流量受三口分流比变化影响已经较小,螺山站多年平均径流量增加幅度略有减少。从多年平均含沙量变化来看,螺山站含沙量降幅为 29.06%,大于监利站 23.29% 的降幅。显然,监利—螺山河段不存在沙量恢复的现象。螺山以下至汉口河段,径流量与输沙量基本与螺山站保持同样的变化幅度。汉口以下至大通,径流量、输沙量均有所增大,但含沙量有所减小,基本也可以认为不存在沙量恢复现象。综合而言,在来沙减少的情况下,监利以下也不存在沙量恢复的现象。

综合以上分析可以认为,自 20 世纪 90 年代以后至 2002 年,与 90 年代之前相比,在宜昌站来沙量明显减少的情况下,下游沿程各站同径流量下输沙水平也出现了明显减少的现象。从变化幅度来看,沿程各站年输沙量与年平均含沙量降幅基本与宜昌站持平(图 2.3-8),沿程沙量恢复现象并不明显。

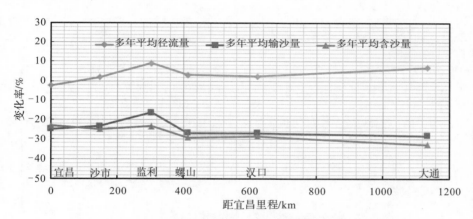

图 2.3-8　20 世纪 90 年代前后长江中游沿程水沙变化

2.三峡水库蓄水前后的沙量恢复特性

三峡水库蓄水以后 2003—2018 年,长江中下游沿程水沙输移较 1991—2002 年发生了较大的变化,如表 2.3-5 所示。其中,宜昌站多年平均径流量偏小约 4%,输沙量偏小 91%,而输沙量自宜昌至大通则表现出明显的变化规律:沿程输沙总量及年平均总含沙量减小幅度沿程逐渐降低,输沙总量绝对值沿程逐渐增大,无论是年输沙总量还是年平均总含沙量,沿程各站较宜昌站均有一定的恢复(图 2.3-9)。

从不同粒径组泥沙的恢复情况来看,三峡水库蓄水以后,各粒径组泥沙均有不同程度的恢复,如图 2.3-10 所示。其中,$D>0.125$mm 的粒径较大组泥沙恢复程度最高,而 $D<0.125$mm 的粒径较小组泥沙沿程则一直处于恢复状态,至大通河段仍未恢复至建库前水平。从不同粒径组泥沙恢复情况来看,粒径较小组泥沙恢复速度较慢,恢复距离较长,恢复幅度

较小。

综合而言，三峡蓄水后较 1991—2002 年，在宜昌来水量变化不大的情况下，来沙量明显减少以后，下游沿程含沙量的恢复现象比较明显。

表 2.3-5　　　　　　　　三峡水库蓄水后长江中下游水沙输移变化

项目	时段	宜昌	枝城	沙市	监利	螺山	汉口	大通
径流量 $10^8 m^3$	1991—2002 年	4287	4338	3996	3816	6608	7261	9528
	2003—2019 年	4114	4204	3844	3722	6109	6820	8640
	变化率	−4%	−3%	−4%	−2%	−8%	−6%	−9%
输沙量 $10^4 t$	1991—2002 年	39200	39200	35500	31500	32000	31200	32700
	2003—2019 年	3420	4140	5180	6800	8380	9710	13200
	变化率	−91%	−89%	−85%	−78%	−74%	−69%	−60%
年平均 含沙量 kg/m^3	1991—2002 年	0.914	0.904	0.888	0.825	0.484	0.43	0.343
	2003—2019 年	0.0831	0.0985	0.135	0.183	0.137	0.142	0.153
	变化率	−91%	−89%	−85%	−78%	−72%	−67%	−55%

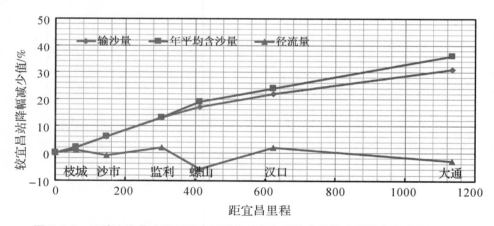

图 2.3-9　三峡水库蓄水后长江中下游各站多年平均水沙输移量较宜昌站降幅减少值

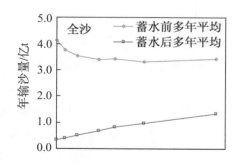

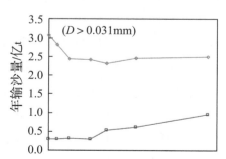

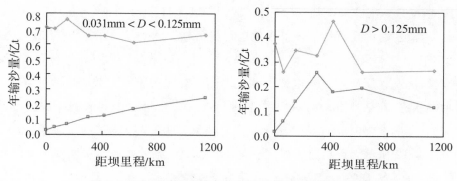

图 2.3-10 三峡水库蓄水前后不同粒径组泥沙恢复情况

3. 来沙减少后沙量恢复差异

综合分析 20 世纪 90 年代前后水沙变化和三峡水库蓄水前后水沙变化情况可以得到,两者在年径流量方面均变化不大,而来沙量却均有一定程度的减少。在此情况下,两者在下游沙量的变化方面却表现出了不同的规律:20 世纪 90 年代前后,宜昌来沙量明显减少的情况下,沿程各站沙量恢复现象并不明显,三峡水库蓄水后沿程各站沙量恢复现象比较明显。上述现象与不同时期河段的水沙条件变化和冲淤状态有一定的关系:

首先,从宜昌站来沙情况来看,三峡水库蓄水前后无论是粗沙还是细沙,其减少幅度都比 20 世纪 90 年代前后减少幅度大,其中 $D>0.125\text{mm}$ 的粗沙几乎被全部拦截于三峡水库内,减少幅度比 90 年代前后减少幅度大得多,造成宜昌站本粒径组来沙量几乎为零。

其次,从不同时期河段所处的冲淤状态来看(输沙量法),自 20 世纪 50 年代至今,枝城至监利河段总体上向着冲刷的方向发展。其中 90 年代以前河床有冲有淤,90 年代以后除 1998 年之外,多数年份则处于冲刷状态(图 2.3-11)。

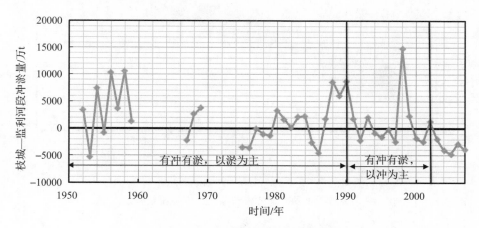

图 2.3-11 枝城至监利河段冲淤量

综合上述分析不难看出,一方面三峡水库蓄水后各粒径组泥沙来量减少幅度较 20 世纪

90年代前后来量减少幅度大,即使在水力要素相同的条件下,其沉降通量减少幅度都比90年代前后减少幅度大,因此其沙量恢复现象也就更明显。另一方面,不同时期所处的冲淤状态不同,90年代之前河段处于有冲有淤的状态,在沙量有小幅减少之后,河床不至于出现大幅冲刷的现象,因此沙量恢复现象也并不明显。而三峡水库蓄水前除特大洪水年份河段已基本处于冲刷状态,在来沙量大幅减少之后,河床必然发生进一步的冲刷,因此沙量恢复现象也非常明显。除此之外,90年代之后沙量恢复现象不明显与河段内水面比降调平也有一定关系。图2.3-12所示为宜昌与监利站不同时期的水位流量关系。从该图中可以看出,宜昌站1991—2000年与1991年之前相比,同流量下水位有明显的下降,而监利站则有一定程度的升高(流量为30000m³/s时水位升高0.5m以上),水面比降的调平在一定程度上削弱了泥沙的上扬强度,沙量恢复现象也因此不明显。

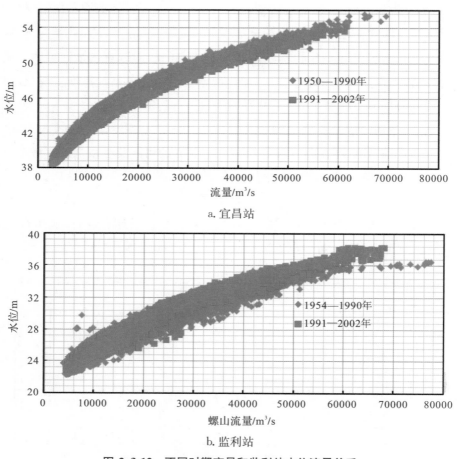

a. 宜昌站

b. 监利站

图2.3-12　不同时期宜昌和监利站水位流量关系

2.4　非均匀沙恢复略估方法

对于某一特定时段而言,沿程输沙率与河床变形之间的关系为:

$$\frac{\partial QS}{\partial x}\Delta t + \rho_s \Delta E = 0$$

式中,ΔE 为时段冲刷量,对上式进行变形后可得:

$$\frac{\partial QS}{\partial x} = -\rho_s \frac{\Delta E}{\Delta t}$$

由上式可知,沿程输沙率的变化与河床冲刷率变化一致。根据上文介绍,已有研究表明,冲刷率随冲刷历时的增加而减小,因此沿程输沙率变化也随着时间的递增而逐渐减小。此处,假定冲刷率随冲刷历时的变化规律为:

$$\frac{\Delta E}{\Delta t} = f(T)$$

式中,T 为冲刷历时,$f(T)$ 为 T 的单调递减函数。因此,任意冲刷历时的输沙率沿程变化可表示为:

$$\left.\frac{\partial QS}{\partial x}\right|_{t=T} = \left.\frac{\partial QS}{\partial x}\right|_{t=T_0} \frac{f(t=T)}{f(t=T_0)}$$

根据泥沙运动方程,沿程泥沙输移可表示为:

$$\left.\frac{\partial QS}{\partial x}\right|_{t=T_0} = -C\omega B(S - S^*)$$

因此任意冲刷历时的泥沙输移可表示为:

$$\frac{\partial QS}{\partial x} = -C\omega B(S - S^*)\frac{f(t=T)}{f(t=T_0)}$$

利用上式进行沙量恢复计算的关键是确定冲刷率随冲刷历时变化的函数关系 $f(T)$ 以及表征泥沙恢复能力的系数 C(常见文献中均以恢复饱和系数相称)。

2.4.1　不同冲刷历时的冲刷率

对于均匀沙而言,冲刷率取决于水流强度以及泥沙颗粒自身的特性。如薛姆菲德和莱诺等人的研究成果表明[39],均匀沙含沙量沿程变化与悬浮指标密切相关,尹学良等人的研究成果表明[40],水流从河床冲刷起来的各粒径组泥沙的补给量与水流条件的关系为:

$$\Delta E \infty (1 - U_c/U)$$

式中,U_c 为扬动流速,U 为平均流速。同时,关于上扬通量的相关研究也表明[18,19,20],河床泥沙的上扬强度与水流强度一般成正比。因此,对于均匀沙而言,同一粒径泥沙不同时期的冲刷率将主要受制于水流强度的变化,即:

$$\left. \frac{f(t=T)}{f(T=T_0)} \right|_{均匀沙} = \frac{\Psi_T}{\Psi_0}$$

式中，Ψ 为水流强度指标。尽管不同学派（如动力学派、运动学派以及能量学派等）在研究水流对泥沙作用时选取的水流强度指标有所差异，但经分析之后，不管哪一种指标最终都由三项组成：流速、坡降以及水深[41]。因此，不妨选取水流强度指标表达式如下：

$$\Psi = k_1 \cdot h^{m_1} \cdot (U - U_c)^{m_2} \cdot J^{m_3}$$

式中，k 为系数，h 为水深，U 为流速，U_c 为起动流速，J 为水面比降。

非均匀沙与均匀沙相比，其冲刷强度除了受水流条件与泥沙自身特性制约之外，还受到河床组成的多寡以及不同粒径泥沙之间相互作用的影响。就河床含量的影响而言，河床中含量越大，则可冲泥沙数量越大，冲刷强度也就越大，因此，相对于同样粒径大小的均匀沙而言，非均匀沙上扬强度可表示为：

$$\frac{E_{非均匀沙}}{E_{均匀沙}} \infty k_2 P^{m_4}$$

式中，P 为某粒径级泥沙在河床中的含量。就不同粒径组泥沙的相互作用而言，相关研究表明[42-48]，相对于同样粒径大小的均匀沙而言，非均匀沙河床中较粗粒径泥沙往往受到暴露作用而更加易于起动，较细颗粒泥沙则常常受到隐蔽作用而难于起动。从不同学者对于非均匀沙的起动研究成果来看，以等效粒径取代均匀沙起动流速公式中的泥沙真实粒径可获得精度较高的非均匀沙起动流速公式。因此，对于受到粗细颗粒间相互作用的非均匀沙，可以以等效粒径代替原来的泥沙粒径以获得非均匀沙的上扬强度。等效粒径受到河床级配的影响，因此，结合水流强度变化以及河床含量影响，非均匀沙不同冲刷历时的泥沙冲刷强度可表示为：

$$\frac{f(t=T)}{f(t=T_0)} = \left(\frac{H_t}{H_0}\right)^{m_1} \cdot \left[\frac{(U-U_c)_T}{(U-U_c)_0}\right]^{m_2} \cdot \left(\frac{J_T}{J_0}\right)^{m_3} \cdot \left(\frac{P_T}{P_0}\right)^{m_4} \cdot \frac{F(D_{eT})}{F(D_{e0})}$$

式中，下标 0、T 分别表示初始时刻及 $t=T$ 时刻，$F(D)$ 表示泥沙上扬强度特征值与泥沙粒径的函数关系，D_e 表示非均匀沙的等效粒径（粗颗粒泥沙的等效粒径小于真实粒径，细颗粒泥沙的等效粒径大于真实粒径）。图 2.4-1 所示分别为根据文献[42]和[49]计算的一定水流条件下 $F(D)$ 的函数表达式以及随着河床粗化、床沙中值粒径的增加，粗细颗粒的等效粒径变化情况。图中，E 为上扬通量特征值，A 为床沙位置特征参数，D 为粒径大小，D_m 为床沙代表粒径，随着河床的粗化而增大。从图中可以看出，在一定水流条件下，泥沙上扬通量特征值随着粒径的增大而呈现逐渐减小的规律。从等效粒径的变化来看，无论是 D/D_m > 1 的粗颗粒泥沙还是 D/D_m < 1 的细颗粒泥沙，随着河床粗化程度的提高和床沙代表粒径 D_m 的增大，其等效粒径均将有所增大。

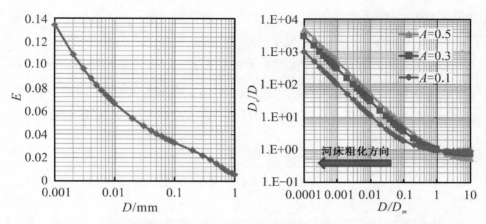

图 2.4-1　上扬通量随粒径变化及非均匀沙等效粒径随床沙组成变化示意图

根据上式我们可以定性分析水库下游河段随着冲刷历时的增加,沙量恢复的一般规律。首先,从水流强度变化来看,随着冲刷历时的延长,断面过水面积增加,水力要素进行调整以后,水流强度减弱,河床冲刷率将有所下降;其次,从河床组成变化的影响来看,一方面,当河床上某一粒径组泥沙减少以后,其冲刷率也将有所下降。另一方面,河床冲刷后,河床组成势必将有所粗化,从而导致床沙平均粒径增大。从图 2.4-1 中可以看出,床沙粗化以后,各粒径组的等效粒径均将有所增大,结合上扬强度与泥沙粒径的关系可知,泥沙的冲刷率也将有所减小。因此,随着冲刷历时的增加、河床粗化程度的提高,无论是细颗粒泥沙还是粗颗粒泥沙,其冲刷率较初始状态下的冲刷率均将有所减小,从而导致沿程沙量恢复程度逐渐降低、恢复距离逐渐延长。

2.4.2　恢复系数

目前,针对非均匀沙的恢复系数 C,众多学者都开展了大量研究。由于不同学者的研究思路与所依据的物理模型不同,所得出的泥沙恢复系数值也有较大的差异,常见取值一般可分为三类:一类取值大于 1[50,51];一类取值小于 1[30];一类取值与水流泥沙条件有关,可大于 1,也可小于 1[17,52,53]。恢复系数一般是在理论推导中引入的一个参数,在天然河道中并无实际对象可以进行测量,因此很多泥沙数学模型通常是采用根据实测资料反求的值。在已知含沙量沿程变化的条件下,根据挟沙力就可以反求出恢复系数,因此,进行恢复系数的反求时非均匀沙的挟沙力是一个非常重要的参数,而这本身也是在实际河道中不易测量或无法测量的一个物理量。而对于非均匀沙挟沙力的理论计算,相关研究成果差异则更大。因此,实际上通过实测资料反求的恢复系数往往受其所取挟沙力不同而反求结果差异也较大。根据上文分析,水库下游河道沿程多年平均输沙量一般不超过建库前的多年平均水平,因此在分析沙量恢复过程时,可以将水库蓄水前河道的多年平均输沙水平作为泥沙恢复的一个极限,把输沙方程中的挟沙力用蓄水前多年平均含沙量代替,这是有实际观测资料可以利用的。

图 2.4-2 所示为依据三峡水库下游枝城—沙市以及沙质—监利河段的 2003—2008 年的年平均统计资料反求的不同粒径级泥沙的恢复系数。计算时流量和含沙量取年平均值,河宽取蓄水初期多年平均流量对应的河宽,挟沙力取水库蓄水前河段的多年平均含沙量,泥沙沉速采用张瑞谨公式计算,泥沙粒径取粒径组分界粒径的平均值,计算中同时考虑了荆江三口的分流分沙,反求公式如下:

$$C = \frac{QS_{out} + QS_{brangch} - QS_{in}}{\Delta x \omega B (S^* - \overline{S})}$$

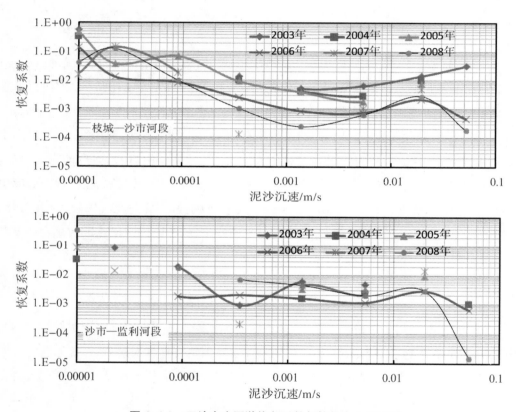

图 2.4-2 三峡水库下游恢复系数与粒径大小关系图

从图 2.4-2 上可以看出,本河段不同粒径级泥沙的恢复系数范围一般为 $10^{-3} \sim 10^{-1}$。除 0.125mm<D<0.25mm 粒径组泥沙之外,各粒径组泥沙恢复系数一般随着泥沙沉速的增大(亦即泥沙粒径的增大)而逐渐减小。从不同研究者根据实测资料率定的恢复系数与泥沙沉速的关系来看,大部分的率定结果表现为恢复系数与沉速成反比例的函数关系[54-60],理论研究成果多数也基本表现出类似的变化规律[17,61],与本书所求结果的变化规律是基本相同的,而只有小部分率定结果表现为正比例的函数关系[62],下面从两方面来分析这种变化

规律产生的原因。

一方面,从反求公式来看,泥沙沉速将在一定程度上影响恢复系数的大小。若泥沙沉速计算值与实际情况不符,则反求的恢复系数实际上包含了对泥沙沉速的修正部分。从单颗粒泥沙沉速的理论计算值与实测资料的对比来看[63],其中以 Wu[64]、Cheng[65] 和 Raudkivi[66] 三个公式的计算精度最高。同时,根据对过渡区泥沙沉速公式的对比[67],窦国仁公式[68] 以及沙玉清公式[69] 也具有较高的精度,此外,陈守煜提出的过渡区泥沙沉速公式与试验资料相比也具有一定的精度[70]。图 2.4-3 所示即为上述各公式与本书引用的张瑞瑾公式计算结果的对比图。从图中可以看出,不同粒径级泥沙各公式的计算结果与张瑞瑾公式计算结果的比值有所不同,一般规律为随着粒径的增大这一比值逐渐减小。这一情况表明,且不论张瑞瑾公式计算结果绝对值的大小是否与实际相符,但至少在随粒径大小的变化规律方面,应对不同粒径级泥沙的沉速进行不同程度的修正才能与实际现象相符合,而修正值的大小应与粒径成反比例关系。反求的恢复系数实际上包含了对泥沙沉速的修正部分,因此在上述反求过程中,张瑞瑾沉速计算公式的采用将在一定程度上使恢复系数反求值 C 随粒径的增大而减小。

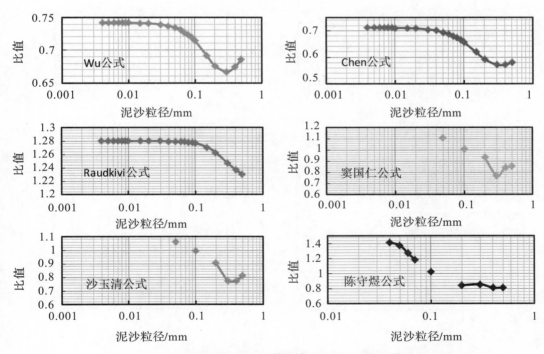

图 2.4-3　不同泥沙沉速公式计算结果与张瑞瑾公式计算结果比值

另一方面,无论是实际观测资料中非均匀沙单位河床组成条件下的上扬强度,还是均匀沙上扬强度指标理论计算结果,均表明随着泥沙粒径的增大,泥沙的上扬强度将有所减小。

从恢复系数反求时所利用泥沙输移方程结构来看,代表泥沙上扬的一项为 $C\omega S^*$,即 $E=C\omega S^*$。因此,$C\omega S^*$ 的值会随着泥沙粒径的增大而逐渐减小。挟沙力计算公式的研究成果相当多,各研究成果之间差别较大,因此,此处选择了两个根据大量实测资料率定的挟沙力公式[71,72]对一定水流条件下 ωS^* 随粒径的变化规律进行了分析,如图 2.4-4 所示。从该图中可以看出,ωS^* 一般与粒径成正比。此时,如果 C 仍与粒径成正比,就代表泥沙上扬的 $C\omega S^*$ 将随着粒径的增大而增大,显然与实际观测现象和理论分析结果不符。因此,若要保证代表泥沙上扬的 $C\omega S^*$ 随着粒径的增大而减小,则 C 必须与粒径成反比。图 2.4-5 所示的即为根据图 2.4-1 中所计算的泥沙上扬强度及图 2.4-4 所计算的 ωS^* 所求的恢复系数 C。当然,由于各家公式的精度限制、非均匀沙河床的影响以及其他各种因素的影响,所计算的恢复系数 C 与根据实测资料所反求的 C 大小可能不一致,但从图 2.4-5 中可以明显地看出,两者在 C 随着粒径大小的变化规律方面是基本一致的。

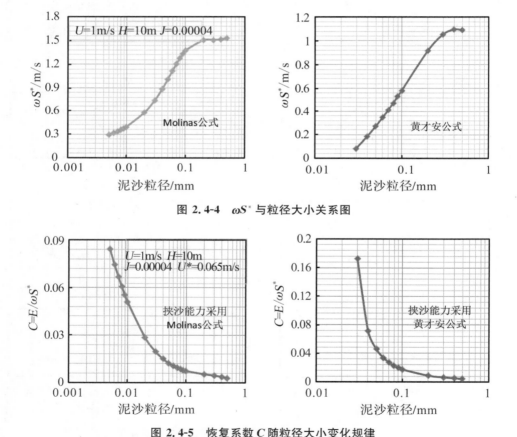

图 2.4-4 ωS^* 与粒径大小关系图

图 2.4-5 恢复系数 C 随粒径大小变化规律

根据上文分析,对于泥沙沉降而言,沉降通量一般可表示为:

$$D = \omega_b(1 - S_b)^m S_b$$

而泥沙输移方程中代表泥沙沉降通量的一项为 $C\omega S$，因此在含沙量不大的情况下 C 可表示为：

$$C = \frac{S_b}{S}\frac{\omega_b}{\omega}$$

式中，下标 b 表示近河床底部位置。从上式可以看出，C 不仅受到底部含沙量与垂线平均含沙量比值的影响，还受到底部泥沙沉速与垂线平均沉速的影响。图 2.4-6 所示为冲刷情况下根据实测资料拟合公式计算的 S_b/S 与粒径大小的关系图。对于淤积情况，由于含沙量更大，含沙量分布也就更加均匀，因此淤积情况下的 S_b/S 将比图 2.4-6 中的数值更小。从该图中可以看出，S_b/S 随着粒径的增大而增大。而泥沙沉速的相关研究表明，当泥沙在沉降过程中逐渐接近河床床面时，泥沙颗粒将受到床面影响而减速，这一影响可按洛伦兹公式估算[73]：

$$\frac{\omega_b}{\omega} = \frac{1}{1 + 9D/16s}$$

式中，s 为泥沙颗粒中心距河底距离。图 2.4-7 所示为不同粒径对应的相对沉速变化。从该图中可以看出，随着粒径的增大，相对沉速逐渐变小。因此，仅在相对含沙量和相对沉速两者的影响下，恢复系数就有可能随着粒径的增大而减小。

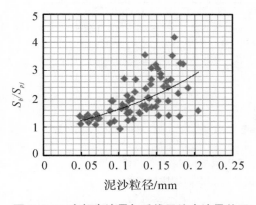

图 2.4-6　底部含沙量与垂线平均含沙量关系　　图 2.4-7　底部泥沙沉速与垂线平均沉速关系

综合以上两个方面的分析可知，本书据实测资料反求的恢复系数随粒径大小的变化规律是基本合理的。但应该注意到，此反求值与数学模型中所采用的恢复饱和系数在绝对值大小方面并不一定相符，这是由于本书求恢复系数时利用的是年平均统计资料，水流条件比较单一，若要得到更广水流条件范围内的恢复系数则需要搜集更多的实测资料。

此外，从恢复系数随冲刷历时延长的变化来看，枝城—沙市河段的恢复系数呈现逐年递减的趋势，而沙市—监利河段则无明显变化趋势，这应与两河段的水流条件和河床组成变化是密切相关的。从水流条件变化来看，由于缺乏必要的资料，暂无法分析两河段水流条件的变化情况,暂且认为水流条件变化不大。而从河床组成变化来看(图 2.4-8),枝城—沙市河段河床组成已呈现比较明显的粗化趋势,而沙市—监利河段床沙的粗化趋势则并不明显。根据上文不同冲刷历时的冲刷率影响因素分析来看,随着冲刷历时的增加,水流条件的减弱和河床组成的粗化都将在一定程度上使冲刷率有所减小,反映在恢复系数上即表现为随着水流条件的减弱和河床组成的粗化而恢复系数逐渐减小。因此,图 2.4-2 所反映的恢复系数逐年变化趋势是合理的。值得注意的是,随着床沙的粗化和水力要素的弱化,挟沙力将有一定程度的减小,而在上述反求过程中,各年份的挟沙力都是采用了同一个值,比实际的挟沙力可能偏大,因此可能在一定程度上使反求的恢复系数偏小(图 2.4-9)。

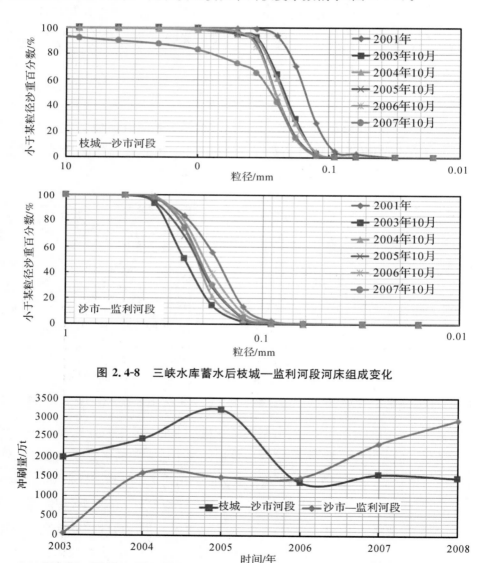

图 2.4-8 三峡水库蓄水后枝城—监利河段河床组成变化

图 2.4-9 三峡水库蓄水后枝城—监利河段年总冲刷量变化

2.5　本章小结

本章从泥沙交换的角度出发,首先总结归纳了决定河床冲淤的两个方面的影响因素,在分析了水库下游沙量恢复一般特性的基础上,对其恢复机理进行了一定的阐述,并构造了不同冲刷历时沙量恢复的一般表达式,同时对长江中下游的泥沙输移特性及来沙减少后的沙量恢复特性进行了分析,得到的主要结论如下:

(1)河床冲淤决定于水体中泥沙的沉降与河床上泥沙的上扬:泥沙粒径越大,沉降强度越大,上扬强度越小;水流强度越大,沉降通量越小,上扬通量越大。对于非均匀沙而言,随着水流强度的增加和含沙量的减小,河床有可能表现出各粒径组泥沙均淤积、粗颗粒泥沙淤积而细颗粒泥沙冲刷和各粒径组泥沙均冲刷三种不同的冲淤状态。

(2)水库修建以后,来沙的减少是坝下游河段沿程出现沙量恢复现象的根本原因。对于非均匀沙而言,各粒径组泥沙恢复能力、恢复程度及恢复距离均有所不同,主要表现为:①随着水库运用时间的增加,沿程沙量恢复程度逐渐减小、恢复的距离逐渐延长;②细颗粒泥沙的恢复能力较强,但受制于河床组成,恢复程度比较小,恢复距离较长,而粗颗粒泥沙的恢复程度比较大,恢复距离比较短。③水库下游沙量恢复过程中,同流量下各粒径组泥沙输沙水平均不超过建库前多年水平。上述特性和不同水沙条件与泥沙恢复的泥沙沉降和上扬的影响密切相关。

(3)就年统计值而言,长江中游非均匀沙年冲淤量与年输入沙量的关系比较密切,其相关性随着泥沙粒径的增大而增强,即来沙粒径越大,年来沙量与河道年冲淤量关系越密切。随着来沙粒径的增大,单位年来沙量改变引起的下游河道年冲淤量逐渐增大。同时,粒径越粗,河段的输沙能力越小,符合泥沙运动的一般规律。若通过控制进入螺山—武汉河段泥沙输入量而达到减少河段淤积、减轻防洪压力的目标,减沙对象选择 $D>0.1\text{mm}$ 粒径组相对其他粒径组泥沙效果更明显。

(4)20 世纪 90 年代前后和三峡水库蓄水前后,长江中游进口宜昌站年径流量均变化不大,而来沙量却均有一定程度的减少。在此情况下,90 年代前后沿程各站基本无沙量恢复现象,而三峡水库蓄水后沿程各站沙量恢复现象比较明显。这主要与来沙减少幅度、来沙变化前后河床所处冲淤状态以及水力要素调整有关。其中,三峡水库蓄水以后各粒径组泥沙来量减少幅度更大,加之三峡水库蓄水前河段已基本处于冲刷状态,因此其沙量恢复现象比较明显。此外,90 年代前后河段水面比降的调平也在一定程度上削弱了同时期的沙量恢复现象。

（5）根据非均匀沙的冲刷特点，本章构造了水库下游河道不同冲刷历时沙量恢复的一般表达式，并定性分析了沙量恢复随冲刷历时的变化规律，这一变化规律与已建水库下游的沙量恢复规律基本一致。同时，根据三峡水库下游实测资料，本章对泥沙输移方程中的恢复系数进行了反求，并对其所表现出来的规律进行了合理性分析。反求结果表明，恢复系数的数量级可达 $10^{-3} \sim 10^{-1}$，一般随着粒径的增大而减小，并且随着冲刷历时的增加和床沙的粗化而呈递减的趋势。

第 3 章　水库下游河流平衡趋向调整

河流上修建水库以后,改变了水库下游河道的来水来沙条件,破坏了水库修建以前河流的冲淤状态,从而触发了水库下游河道的再造床过程,引起水库下游河道河床冲刷下切、河床组成粗化、断面形态调整、纵剖面调整、河型转化等多种调整现象,也由此对水库下游的防洪、取水、航运和灌溉等方面带来一系列的影响。特别是随着河流上梯级水库的修建,水库下游河道将承受更长时期的"清水"冲刷,如长江上游梯级水库的修建将使长江中游荆江河段遭受 300 年以上的长期低含沙水流的作用[74]。在长期的低含沙水流作用下,水库下游河床将通过一系列的调整,使河床向着新的平衡状态转化。掌握水库下游河道的河床演变规律,研究其各种平衡趋向调整方式及其内在机理,对人们因势利导、加快河流的系统整治建设,使其向着有利于人类生活的方向发展有着极其重要的意义。

按照河床组成的不同,水库下游河道一般可以分为卵石夹沙河床和沙质河床两种河道类型。例如,长江三峡水库下游宜昌至大埠街河段基本属于卵石夹沙河床,大埠街以下河段为沙质河床;汉江丹江口水库下游至光化河段一般可以认为是卵石夹沙河床,光化以下河段为沙质河床[75]。在河流上修建水库以后,不同类型河道由于河床组成、河床地质、河岸控制条件等有所不同,其达到平衡的过程、方式以及最终的绝对平衡状态等均有所不同。本章通过收集水库下游河道演变的实测资料以及水槽实验资料,按照河床组成性质的不同,对水库下游卵石夹沙河床和沙质河床在平衡趋向过程中的部分调整现象进行归纳与总结,深入分析各调整方式在平衡趋向过程中的作用及内在机理。

3.1　卵石夹沙河段的平衡趋向调整

卵石夹沙河段一般处于河流由山区向平原的过渡段,其河床组成及河道形态具有不同于一般山区河流或平原河流的特点。从河床组成来看,卵石夹沙河床中不仅包含以悬浮为主要输运形式的较细颗粒泥沙,还包括以推移为主要运动形式的卵石。以长江三峡水库下游宜昌—大埠街卵石夹沙河段为例,根据长江水文局 1995 年河段内水下床沙取样资料[76]对河段内深泓区沿流程的床沙组成分析显示:本河段内沙质和沙卵质两种河床组成沿流程相间出现。其中,松滋口至杨家垴河段除个别断面外,几乎全部表现出沙卵质相间分布的特点,床沙最大粒径达 133mm。本河段内深泓区床沙组成沿流程呈现沙质和沙卵质相间分布的特点,与河段内存在的低水心滩和沿程宽窄相间的河段外形特点密切相关(图 3.1-1)。

卵石夹沙河床由于地处河流由山区向平原的过渡段,两岸多丘陵和山地,河岸一般有较稳定的控制节点,河道平面形态变化相对较小。根据卵石夹沙河段河床组成的特点,上游修建水库以后,它一般可以通过河床迅速粗化、形成抗冲保护层的方式来达到新的平衡状态。

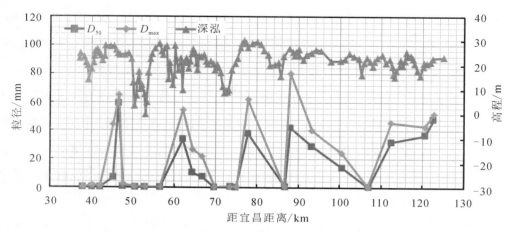

图 3.1-1　三峡水库下游河段主泓附近床沙特征

3.1.1　卵石夹沙河床粗化调整现象

卵石夹沙河段的河床粗化现象主要是由于水流的拣选作用,使较细颗粒泥沙被水流冲走,较粗颗粒泥沙不易被水流带走而聚集在床面产生的。冲刷导致的河床粗化现象在水库下游卵石夹沙河床中表现得极为明显。以长江三峡水库下游的宜昌—枝城河段为例,三峡水库蓄水前后的河床组成实测资料[77]对比显示,本河段河床在三峡水库蓄水以后发生了明显的粗化现象,床沙中值粒径明显增大,如图 3.1-2 所示。从该图上可以看出,本河段河床平均中值粒径由蓄水前的 0.4mm 增加到蓄水后 2007 年的 19.4mm,河床粗化以后,床沙中值粒径普遍在 10mm 以上。其中,距三峡水库最近的宜昌断面,其床沙中值粒径由蓄水前的 2.6mm 增大到了 2007 年的 72.8mm,河床粗化现象极其明显。同样现象也出现在汉江丹江口水库下游的卵石夹沙河段上。如自大坝至白马洞河段(长约 82km),丹江口水库建库以前本河段基本属于沙夹卵石河段,细沙和极细沙、中沙、粗沙在河床中的比例分别约为 67.1%、22.8%、4.6%,粒径较大的砾石和卵石则分别占 2.5% 和 3% 左右。丹江口水库建库以后,经过冲刷以后,本河段河床发生了明显的粗化现象,至 1985 年,河床上的砾石、卵石所占比例已经高达 80% 以上,主槽河床上全部为卵石,而且大量出露,沙质已经大幅减少,所占比例已经不到 20%,并且一般都处于较隐蔽处,河床已经基本变为卵石河床。其中,距离丹江口水库最近的大坝至黄家港河段,河床粗化以后,床面变得非常粗糙,河床稳定性非常高,床面上的卵石直径一般为 80~250mm。1975 年本河段的河床地质组成分析显示,本河段床沙中细砂、中砂、粗砂的分别占 3.5%、30.7% 和 17.4%,而卵砾石则高达 48.4%,河床粗化基本完成[75]。黄家港—光化河段床面则有大片的由于卵石推移运动形成的各种形状的堆积体,河床组成以 10~100mm 的卵砾石为主,仅在床沙深层夹有少量的沙质[78]。卵石夹沙河床的粗化现象在其他天然河流和室内水槽实验中也都表现得非常明显[79—81]。河床粗化作为水库下游卵石夹沙河床调整的重要方式,在卵石夹沙河段的平衡趋向调整过程中发挥着极其重要的作用。

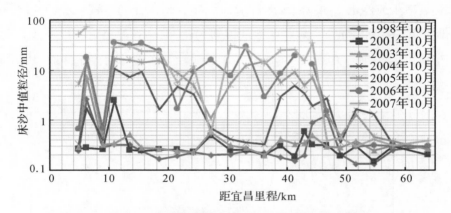

图 3.1-2　三峡水库下游卵石夹沙河段蓄水前后床沙中值粒径变化

3.1.2　卵石夹沙河床粗化调整在平衡趋向过程中的作用

从河床粗化对河床冲淤的影响来看,卵石夹沙河段的粗化现象,最终结果往往是河床抗冲保护层的形成,其在卵石夹沙河段平衡趋向过程中的作用主要体现在两个方面:一个是限制泥沙的起动,一个是增加床面阻力,两个方面综合作用的结果促成了卵石夹沙河段极限平衡状态的形成。

首先,从限制泥沙起动方面来看。从当前均匀沙的研究成果来看,其起动条件一般可从两个方面进行确定:一个是起动流速,一个是起动拖曳力。根据各种试验资料及河流实测资料的起动流速[82],如图 3.1-3 所示,在泥沙粒径增大到一定程度后,起动流速与泥沙粒径便存在正比例关系,即泥沙粒径越粗,起动流速就越大,泥沙越难以起动,这个临界粒径约为 0.17mm。根据上述卵石夹沙河段的床沙粗化现象可以看出,河床粗化以后床沙中值粒径一般大于此临界粒径。因此,即使不考虑断面水力要素的变化,当水流流速一定时,若床面泥沙粒径达到一定粗度,水流的流速将不足以使泥沙起动,河床冲刷也会因此而停止。

天然河流的河床组成一般为非均匀沙,这种情况下,由于粗化层形成以后不同粒径泥沙的暴露程度不同,起动条件较均匀沙也有一定的不同。其中,细颗粒泥沙由于受到粗颗粒泥沙的隐蔽作用,较均匀沙情况更加难以起动。对于卵石夹沙、卵石或宽级配河床的清水冲刷粗化现象,通过理论分析及实测资料分析已展开了相当多的研究。研究成果表明,在清水冲刷作用下,对于粗颗粒泥沙,往往不需要铺盖完整的一层,粗化过程即可完成[79],如官厅水库下游永定河的调查结果表明,河床粗化完成后粗化颗粒所铺盖的百分数为 50%~85%[81];在雷德河的丹尼孙坝下游,当粗化颗粒所占百分数为 30%~50% 时即能起到抗冲作用[83]。河床粗化限制泥沙起动在卵石夹沙河段平衡状态中最直观的表现即为河床冲刷补给的大幅度减少或停止。如三峡水库蓄水后 2003—2008 年,宜昌至枝城河段在三峡水库蓄水开始时河床补给非常迅速,随着床沙的逐渐粗化,河床补给已大幅度减少(图 3.1-4)。当粗化层形成以后,床面一般比较平整[84],河床因泥沙无法起动而停止冲刷,从而促成最终平衡状态的形成。

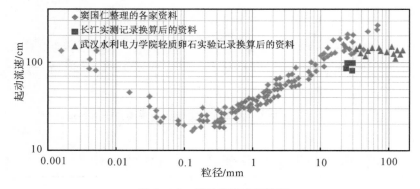

图 3.1-3 起动流速实测资料

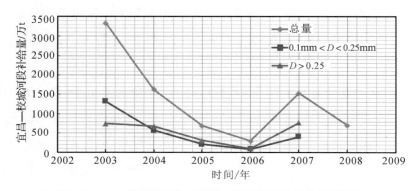

图 3.1-4 三峡水库蓄水后宜昌—枝城河段床沙补给量变化

其次,从增加床面阻力来看。根据不同学者关于河道阻力的理论研究,河道的床面阻力与床沙粒径的大小有着密切的关系。如 Darcy-Weisbach 直接以床面的粗糙尺度表示 Manning 系数,提出明渠断面平均流速公式如下:

$$\frac{U}{\sqrt{gR'J}} = \frac{24}{\sqrt{g}}\left(\frac{R'}{D_{65}}\right)^{1/6}$$

式中,D_{65} 为床沙代表粒径。从上述表达式来看,床面泥沙粒径的增大将导致床面阻力的明显增加,引起水流流速的降低。长江科学院根据大量的野外及室内资料得到的断面平均流速经验关系式为[85]:

$$\frac{U}{\sqrt{gD_{50}J}} = k\left(\frac{H}{D_{50}}\right)^{2/3}$$

式中,D_{50} 为床沙中值粒径,k 为经验系数。上式反映的床沙粒径对床面阻力及断面平均流速的影响与 Darcy-Weisbach 公式是一致的。尹学良根据永定河及水槽实验资料分析结果表明,河床糙率与粗化层形成以后的下限粒径有着较好的关系,拟合关系式如下[81]:

$$n = \frac{1}{21}D_0^{1/6}$$

显然,粒径越大糙率也就越大。陆永军等人也得出类似结论,即河床粗化使河床糙率有较大幅度的增加[84]。

图 3.1-5 所示为不考虑糙率变化的情况下,根据三峡水库蓄水前后的实测地形资料计算的沿程水面线变化。从该图上可以看出,若不考虑糙率变化,至 2006 年宜昌水位将下降 0.3m 左右。而三峡水库蓄水后同时期的实测水文资料表明,宜昌水位下降值不足 0.1m[86,87],显然,河道糙率是有所增加的。当然,由于天然河道影响河道阻力的因素很多,河道阻力的增加可能不完全是河床粗化的结果,但河床粗化造成阻力增加是毋庸置疑的。

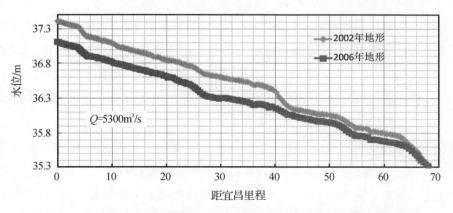

图 3.1-5　三峡水库下游卵石夹沙河段不考虑糙率变化情况下沿程水面线变化

限制泥沙起动与增加床面阻力是河床粗化促成卵石夹沙河段平衡状态形成的两个方面,但这两个方面又存在一定的相互关系:床沙粗化以后,床面阻力增加导致断面水深增加和流速降低,从而减弱了水流对床沙的冲刷能力,使得泥沙更加难于起动。

总而言之,对于卵石夹沙河段,在清水冲刷条件下,由于水流的拣选作用,细颗粒泥沙逐渐被冲刷,较粗颗粒泥沙聚集于床面而形成抗冲保护层,河床粗化一方面限制了床沙的起动,另一方面增加了床面阻力、减缓了水流流速,使得床沙抗冲能力进一步增强,两个方面的综合作用使卵石夹沙河段最终处于冲刷平衡状态。因此对于卵石夹沙河段,其最终的平衡状态也往往决定于下伏卵石层的埋藏情况。

3.2　沙质河段的平衡趋向调整

沙质河床一般是河流从山区进入平原之后,由于地势开始趋于平缓,水力条件变缓后由泥沙的堆积作用而形成。沙质河床的冲积层一般都比较厚,往往深达数十米甚至数百米,其组成视不同高度而异:最深处多为卵石层,其上为夹沙卵石层,再上为粗沙、中沙以至细沙。沙质河床与卵石夹沙河床组成有所不同,其床沙组成一般较细,可动性比较强,在冲刷过程中,无法像卵石夹沙河床那样形成不动的抗冲保护层。同时,由于沙质河床的河流一般地处平原地带,两岸多为平原或丘陵,在没有人工护岸的情况下,河道平面形态变化也比较剧烈。

沙质河床与卵石夹沙河床在河床组成、河床地质、河岸控制条件等方面存在差异,在河流上修建水库以后,其平衡趋向过程中各因素调整的机理以及特点都会改变。目前,关于沙质河床在清水冲刷条件下的平衡状态也已开展了一些相关研究。早在 20 世纪 50 年代罗辛斯基和谢鉴衡教授就曾经指出,沙波是沙质河床的稳定形态,并提出沙质河床粗化层厚度应取小型沙波波高[88]。秦荣昱[89]等研究了沙质河床在清水冲刷条件下的粗化机理,概化出沙质河床清水冲刷粗化终极平衡的物理模式,即:①冲深河床,增大水深,降低流速(即冲刷能力);②使床沙粗化,向均匀化发展,增大床沙附加阻力,降低床沙可悬浮性;③形成稳定沙波,增大床面沙波阻力。其中,在冲刷粗化过程中,①为水流作用力,随冲刷深度的增加而减弱;②为床沙的总反作用力,随床沙的粗化而增强。当两者趋于一致时,便建立新的平衡,这种平衡是具有一定强度的推移质输沙率的动平衡。尹学良[81]根据实测资料以及水槽试验资料,也探讨了沙质河床的粗化原因,并分析了沙质河床粗化层在沙质河床平衡趋向过程中的作用。

以上研究成果中,所谓的清水冲刷条件下沙质河床的平衡状态一般都是指具有一定推移质输沙率的动平衡状态,但此时河床仍然处于不断地调整过程中,只不过调整幅度相对较小,河床仍然不是处于绝对的平衡状态。本书说的沙质河床平衡状态是指清水冲刷条件下,河床不发生冲淤变形、不进行任何调整的绝对平衡状态。天然河流在上游修建水库以后,沙质河床一般要经历一个清水冲刷的过程,但这个过程一般随着水库的淤积平衡或水库调度运用方式的改变而终止,一般很难达到清水冲刷条件下的绝对平衡状态,如黄河三门峡水库清水下泄期为 1960—1964 年,持续时间仅 4 年;永定河官厅水库于 1953 年自然拦洪,而1959 年后长期处于断流状态,河槽冲刷仅出现在 1953—1959 年[90];丹江口水库自 1969 年蓄水运用以来一直处于清水下泄状态,虽然目前雅口以上河段处于相对平衡状态,这种相对平衡状态下仍然存在一定推移质输沙率,河床也仍处于缓慢的调整之中,并非处于绝对平衡状态,而雅口以下的细沙质河床则仍处于较剧烈的重建平衡的过程之中[91]。因此,很难从已建水库下游的实测资料来分析水库下游沙质河床清水冲刷条件下的绝对平衡状态是什么样子。在缺少试验资料的情况下,只能根据已建水库下游沙质河床清水冲刷时期河床演变的特点,分析床沙组成、河床形态等变化特点及其在沙质河床重建平衡过程中的作用,以此来探讨沙质河床在平衡状态趋向过程中各因素的变化特点和作用,以及最后可能达到的绝对平衡状态是什么样子。水库下游沙质河床实际的平衡趋向调整既复杂又多样化,本书根据实测资料,仅从河床粗化、纵剖面调整以及横断面调整等方面进行初步探讨。

3.2.1　沙质河床的粗化调整

1. 沙质河床粗化调整现象

沙质河床中无较大卵石,在特定水流条件下,所有床沙一般都能够起动,因此很难像卵石夹沙河床那样因粗颗粒泥沙聚集于床面而发生粗化。尽管如此,床沙粗化现象在水库下游沙质河床中仍然是较普遍的现象。如三门峡水库下游花园口河段床沙中值粒径由建库前的 0.1mm 增大至 0.13mm,美国科罗拉多河由马站在上游枢纽修建后床沙中值粒径由0.15mm 增大至 0.30mm[75],官厅水库下游永定河沙质河床沿程也出现了较明显的粗化现象[81],如图 3.2-1 所示。

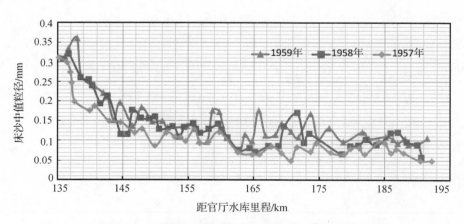

图 3.2-1　官厅水库下游沙质河床床沙中值粒径变化

再如丹江口水库下游光化至太平店段、太平店至襄阳段的床沙中值粒径分别由建库前1959年的0.206mm和0.203mm增加到1979年的0.38mm和0.26mm[92];白马洞至宜城县红山头长约76km的河段内,建库前河床组成中沙质占主体,且粗沙较多,建库后与建库前的河床相比已发生了明显的粗化,细沙、极细沙大量减少。与1980年的河床相比,1985年此段河床又有新的粗化,其中襄阳站的床沙中值粒径建库前为0.13mm,滞洪期1966年为0.17mm,1975年为0.284mm,1980年为0.29mm,1985年又增大至0.41mm,沙质粗化层(表层和深层)中小于0.1mm的极细沙所占比重极小,不到1%,并且从上游至下游表层与深层的级配差别逐步缩小。再往下游红山头至仙桃长约307km的沙质河床段内,建库前河床组成全部为沙质河床,至1985年,河床中粒径小于0.1mm的极细沙的百分数由建库前的35.6%减至2.43%,而粒径大于0.1mm的各组泥沙的百分数相对增大,仙桃站1960年、1975年、1979年的床沙中值粒径分别为0.145mm、0.149mm、0.144mm[78,93],沙质河床段的床沙级配变化如表3.2-1所示。

表3.2-1　　　　　　　　丹江口水库蓄水前后坝下游沙质河床床沙级配变化

时间	粒径/mm	0.05	0.1	0.25	0.5	1.0
建库前	小于某粒径的沙重百分数/%	7.25	35.6	93.6	99.9	100
	分组沙重百分数/%	7.25	28.35	58	6.3	0.1
1985年	小于某粒径的沙重百分数/%		2.43	83.16	99.8	100
	分组沙重百分数/%	2.43	80.73	16.64	0.2	

根据长江三峡水库蓄水后的实际观测资料[77],三峡水库自2003年6月蓄水以来至2007年,虽然蓄水时间仅四年,但下游沙质河床的床沙粗化现象已经出现:①荆江河段自2004年以后床沙呈现逐年粗化的变化趋势,如表3.2-2及图3.2-2所示,枝城、沙市、监利站断面床沙中值粒径分别由2003年的0.28mm、0.215mm、0.154mm增加到2007年的0.296mm、0.251mm和0.198mm;②城陵矶至汉口河段除界牌河段变化不大、陆溪口河段略有细化外,其他河段均略有粗化,如表3.2-2及图3.2-3所示,其中螺山、汉口站断面床沙中值粒径分别由蓄水前1998—2002年的0.18mm、0.17mm变为蓄水后2003—2007年的0.19mm和0.19mm,床沙略有粗化;③汉口以下至湖口河段在三峡水库蓄水运用以后床沙也略有粗化,如表3.2-2及图3.2-4所示。

表 3.2-2　　　　　　　　　　三峡水库运用前后长江中下游床沙中值粒径变化　　　　　　　　单位：mm

河段	时间	1998 年	2003 年	2004 年	2005 年	2006 年	2007 年
荆江河段	枝江河段	0.238	0.211	0.218	0.246	0.262	0.264
	沙市河段	0.228	0.209	0.204	0.226	0.233	0.233
	公安河段	0.197	0.220	0.204	0.223	0.225	0.231
	石首河段	0.175	0.182	0.182	0.183	0.196	0.204
	监利河段	0.178	0.165	0.174	0.181	0.181	0.194
城汉河段	白螺矶河段	0.124	0.165	0.175	0.178	0.202	0.181
	界牌河段	0.180	0.161	0.183	0.173	0.189	0.180
	陆溪口河段	0.134	0.119	0.126	0.121	0.124	0.126
	嘉鱼河段	0.169	0.171	0.183	0.177	0.173	0.182
	簰洲河段	0.136	0.164	0.165	0.170	0.174	0.165
	武汉河段（上）	0.153	0.174	0.177	0.173	0.182	0.183
汉口—湖口河段	武汉河段（下）	0.102	0.129	0.145	0.154	0.147	0.156
	叶家洲河段	0.168	0.153	0.168	0.157	0.166	0.177
	团风河段	0.113	0.121	0.109	0.093	0.104	0.106
	黄州河段	0.170	0.158	0.164	0.145	0.155	0.174
	戴家洲河段	0.131	0.106	0.145	0.157	0.134	0.150
	黄石河段	0.147	0.160	0.161	0.165	0.170	0.204
	韦源口河段	0.140	0.148	0.158	0.147	0.163	0.163
	田家镇河段	0.115	0.148	0.154	0.149	0.159	0.153
	龙坪河段	0.136	0.105	0.160	0.144	0.133	0.133
	九江河段	0.182	0.155	0.157	0.143	0.187	0.169
	张家洲河段		0.159	0.175	0.154	0.171	0.162

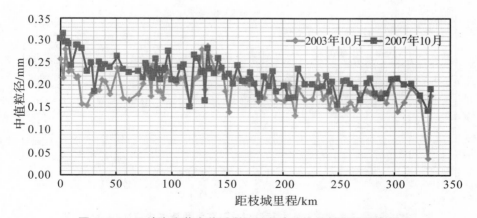

图 3.2-2　三峡水库蓄水前后荆江河段床沙中值粒径沿程变化

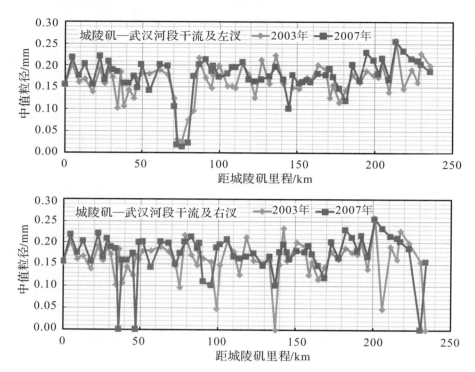

图 3.2-3　三峡水库蓄水前后城陵矶—武汉河段床沙中值粒径沿程变化

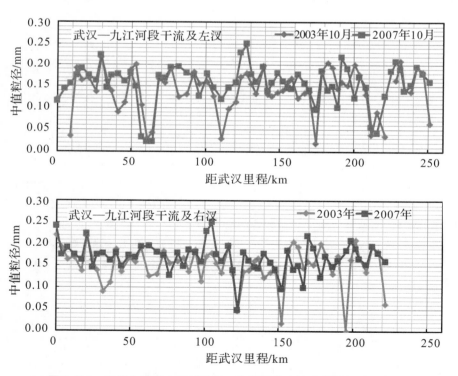

图 3.2-4　三峡水库蓄水前后武汉—九江河段床沙中值粒径沿程变化

2. 沙质河床粗化调整机理

水库下游沙质河床与卵石夹沙河床虽然都有粗化现象发生,但两者的产生机理却有所不同。卵石夹沙河床一般是由于水流的拣选作用,细颗粒泥沙被水流冲走、卵石颗粒聚集于床面而形成抗冲粗化层。对于水库下游的沙质河床而言,相关研究表明[94],建库以后距坝较近、冲刷较剧烈的沙质河段,由于各粒径组泥沙的补给均严重不足,其将全部表现为冲刷状态;距坝较远的沙质河段,只要上游河段有足够的泥沙补给,能够达到饱和的各粒径组泥沙在本河段的冲淤特性将与建库前保持一致,特别是建库前淤积比较明显的河段,其淤积特性必将延续,但淤积量将趋于减少,直至转淤为冲。沙质河床的粗化有可能在两种情况下发生:一种是在各粒径组泥沙均冲刷的情况下,粗细颗粒泥沙冲刷数量的不同——较细颗粒泥沙冲刷程度大、较粗颗粒泥沙冲刷程度小而发生的粗化,这种现象一般发生在距水库较近的沙质河段;另外一种则发生在不同粒径组泥沙冲淤规律不同的情况下。自上游挟带的已经得到恢复的较粗颗粒泥沙在进入下游某一河段时,受到河段水力条件变化的影响,其冲淤规律有可能发生变化,由冲刷转化为淤积或冲淤不大,而较细颗粒泥沙可能由于尚未得到恢复、继续保持冲刷状态,这种粗细沙冲淤规律的不同也可能造成河床的粗化,这种现象一般发生在距水库较远的沙质河段。当然,这种情况下的河床粗化将随着河段的转淤为冲而变为第一种情况下的河床粗化。虽然沙质河床的粗化可能在上述两种情况下发生,但其内在机理是一致的:不同粒径组泥沙由于自身特性及来沙水平不同而产生的对同一水流条件的冲淤响应差异。

(1)各粒径组泥沙均冲刷情况下的粗化。

图 3.2-5 所示为三峡水库下游和丹江口水库下游距离水库较近的沙质河段,各粒径组泥沙均处于冲刷状态时,不同粒径组泥沙的冲刷比例与河床含量的对比关系,如果这一比值越大,则其冲刷程度越大。显而易见,细颗粒泥沙的这一比值明显大于粗颗粒的,因此细颗粒泥沙冲刷程度相对较大,而粗颗粒泥沙冲刷程度相对较小,其最终结果势必使河床中的粗沙含量越来越多,细沙含量越来越少,最终造成河床的粗化。

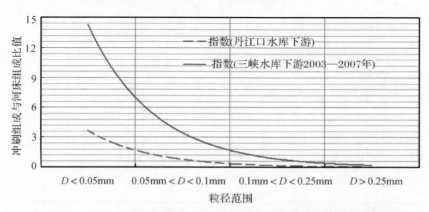

图 3.2-5　水库下游沙质河段冲刷组成和河床组成比值与床沙粒径的关系

各粒径组泥沙均冲刷情况下,粗化发生的根本原因是不同粒径组泥沙上扬强度的差异

很大。根据泥沙交换的统计规律,单位时间单位床面上冲起的净泥沙重量为[95]:

$$g_{\uparrow,i} = \frac{2}{3} m_0 \gamma_s D_i \left(\frac{P_{1,i}}{\tau_{4,i}} + \frac{P_{1,i}}{\tau_{T,i}} \right) - \left(\frac{\beta_{4\to 1,i}}{L_{4,i}} P_{4,i} Sq + \frac{\beta_{T\to 1,i}}{L_{T,i}} P_{T,i} qt \right)$$

式中,下标 1 表示床沙,4 表示悬移质,T 表示推移质,其余符号 m_0 表示床沙静密实系数,γ_s 为泥沙比重,D_i 为泥沙代表粒径,S 为悬移质含沙量,q 为单宽流量,q_T 为推移质单宽输沙率,P 为床沙级配,β 表示泥沙的状态转移概率,L 表示泥沙运动的单步距离,β 为泥沙起动周期。在清水冲刷条件下,净冲起的泥沙级配为:

$$\frac{g_{\uparrow,i}}{\sum g_{\uparrow,i}} = \frac{\left(\frac{D_i}{\tau_{4,i}} + \frac{D_i}{\tau_{T,i}} \right) P_{1,i}}{\sum \left(\frac{D_i}{\tau_{4,i}} + \frac{D_i}{\tau_{T,i}} \right) P_{1,i}}$$

$(D_i/\tau_{4,i} + D_i/\tau_{T,i}) P_{1,i}$ 随粒径的减小而增加,因此净冲起泥沙的级配总是细于原河床泥沙的级配,从而使得床沙级配发生粗化。

此外,尹学良通过试验研究发现,河床上冲起的各粒径组沙量与其在河床中的含量和"剩余起动流速"成正比[81]:

$$g_{\uparrow,i} = K P_{1,i} (1 - U_c/U)$$

式中,U_c 为泥沙的扬动流速,U 为水流流速。上式表明,在相同床沙含量条件下,细颗粒泥沙的起动流速相对较小,因此其冲刷量较粗颗粒泥沙更大。

(2)不同粒径组泥沙冲淤规律不同情况下的粗化。

从 1974—1979 年丹江口水库下游的襄阳至仙桃河段不同粒径组泥沙的冲淤情况来看[92,93],襄阳至皇庄河段小于 0.1mm 的泥沙冲刷量约为 0.6 亿 t,而 0.1~0.25mm 粒径组泥沙仅冲刷 0.14 亿 t,大于 0.25mm 的泥沙在各个时段则都是落淤的,而皇庄至仙桃河段,粒径为 0.25~0.5mm 的泥沙在各个时段也都是落淤的,0.1~0.25mm 的则有冲有淤,以淤为主,如表 3.2-3 所示。三峡水库下游螺山至武汉河段不同粒径组泥沙的冲淤也表现出了同样的变化规律,2003—2007 年 $D<0.1$mm 和 $D>0.1$mm 粒径组泥沙分别冲刷了 0.11 亿 t 和淤积了 0.28 亿 t(因缺少资料,计算时汉江入汇沙量采用多年平均值)。

表 3.2-3　　　丹江口水库下游 1974—1979 年不同粒径组泥沙冲淤量

河段	年份	不同粒径组泥沙冲淤量/mm、万 t						
		<0.01	0.01~0.025	0.025~0.05	0.05~0.1	0.1~0.25	0.25~0.5	0.5~1.0
襄阳至皇庄	1974	−77	−250.2	−390	−570	−576	20	18.8
	1975	−458	−891	−631	−674	−364	692	59.8
	1976	−156	−113	−146	−270	−354	30	17.8
	1977	−205	−177	−55	−85	−124	204.8	33.1
	1978	−51.1	−63.2	−78.6	−112	−62.5	35.7	6.3
	1979	−325	−157	−142	−191	−197	231	11.3

续表

河段	年份	不同粒径组泥沙冲淤量/mm、万 t						
		<0.01	0.01~0.025	0.025~0.05	0.05~0.1	0.1~0.25	0.25~0.5	0.5~1.0
皇庄至仙桃	1974	−266	−251	−157	−121	64	143.6	
	1975	−101	35	−50	−19	99	148	
	1976	−48	−80	−91	−14	75	107	
	1977	−55	78	−19	−130	53	71.6	
	1978	−36.2	−33.1	−29.3	−61	−37	43.1	
	1979	−31	−57	−70	−77	81	47.3	

水库下游沙质河床产生不同粒径组泥沙冲淤规律不同现象的前提有两个,一个是在进入河段之前,不同粒径组泥沙恢复水平不一样:粗颗粒泥沙已经得到恢复,而细颗粒泥沙尚未得到完全恢复,另外一个是沿程水流强度的递减。以长江中下游河段为例,三峡水库蓄水后 2003—2007 年,至监利河段 $D>0.1$mm 的泥沙年输沙量已与建库前多年平均水平基本相当,而 $D<0.1$mm 的泥沙输沙水平远未达到蓄水前的多年平均水平(图 3.2-6)。同时,从沿程纵剖面变化情况来看,自沙市至大通河段沿程河床比降逐渐变缓,河宽逐渐增大(图 3.2-7),与之相应,水流强度沿程也相应减弱(图 3.2-8)。在这种情况下,较粗颗粒来沙量已接近上游河段的挟沙力水平,已经饱和的挟沙水流进入本河段以后,由于水流强度减弱,挟沙力降低,本河段将无力输送上游来的全部泥沙,势必使此部分泥沙在本河段内产生淤积。而细颗粒泥沙来量可能由于远未达到其挟沙力水平而继续保持冲刷状态,两个方面综合作用的结果必然使河床产生粗化现象。

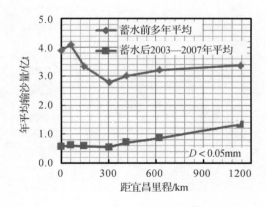

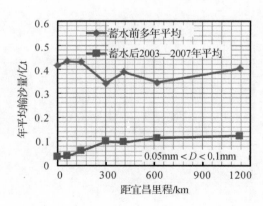

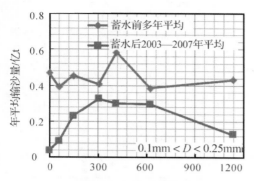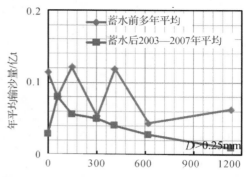

图 3.2-6　三峡水库蓄水后长江中下游 2003—2007 年不同粒径组泥沙恢复

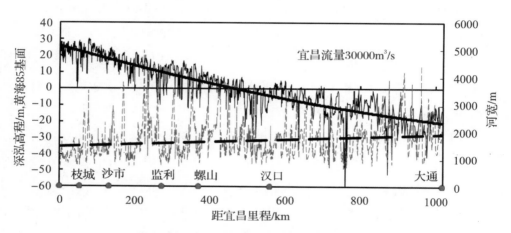

图 3.2-7　长江中下游纵剖面及河宽沿程变化

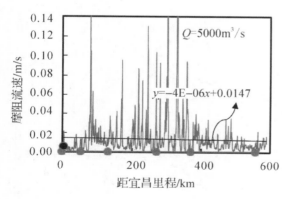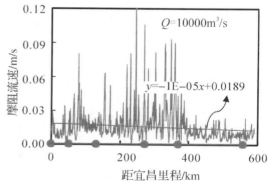

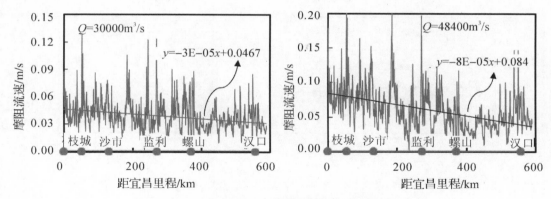

图 3.2-8　长江中下游摩阻流速沿程变化

3. 沙质河床粗化调整在平衡趋向中的作用

河床粗化在沙质河床平衡趋向中的作用与卵石夹沙河段中床沙粗化作用类似，主要表现在两个方面：

(1)增大河床阻力。

沙质河床中因河床粗化而造成的床面阻力增加现象在实验室水槽和天然河流中均有所体现，如图 3.2-9 所示：美国科罗拉多河在上游修建枢纽前后，床沙中值粒径由 0.15mm 增大至 0.3mm 后，相应的曼宁糙率也由 0.013 增加至 0.036；黄河三门峡水库下游河段在清水下泄期间，花园口床沙中值粒径由 0.1mm 增大至 0.24mm，相应的曼宁糙率也由 0.01 增加至 0.016mm[92]；汉江下游襄阳水文站在丹江口水库蓄水后床沙也发生了粗化，同水位下的糙率也有明显的增大[96]。此外，水槽实验结果也表明，随着冲刷历时的增加，床沙粗化以后，糙率系数也将随之增大[81]。

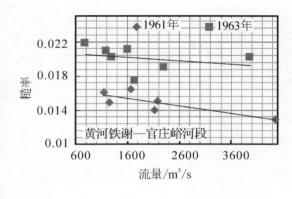

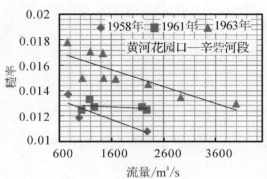

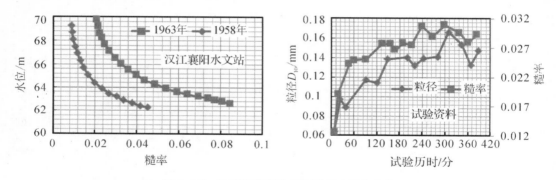

图 3.2-9　沙质河床粗化后河道糙率增加现象

冲积河流中与泥沙颗粒有密切联系的阻力一般包括两部分：一个是沙粒阻力，一个是沙波阻力。床沙组成对沙粒阻力的影响是显而易见的，一般随着床沙粒径的增大而增大，这从沙粒阻力计算公式中可以看出[97]，因此床沙粗化在水库下游沙质河床平衡趋向过程中的作用是非常明显的，即随着床沙的粗化而增大床面沙粒阻力。沙波阻力的产生主要是由于水流在沙波波峰的分离，使迎水坡面上的压力大于背水坡面上的压力，从而产生沙波的形状阻力。同时，水流在沙波波峰流线的破碎导致沙波背水面产生大量的局部紊动，这也会增加阻力损失。因此，沙波阻力的大小与主要与沙波的形状、尺寸有密切关系。由于沙波运动主要受水流条件的制约，在天然河流中沙波运动随着年内流量变幅和水流的强弱而表现出一个发育和消亡的周期过程，只要推移质运动达到一定的强度即存在沙波运动。在大部分河床泥沙均能起动的天然沙质河床中，推移质泥沙运动在床沙粗化前后都是存在的，因此床沙粗化对沙波阻力的影响相对较小。

综合以上分析可知，床沙粗化在水库下游沙质河床的平衡趋向过程中主要是通过增大床面沙粒阻力而发挥作用的。

（2）降低输沙强度、减缓冲刷速度。

沙质河床粗化对降低输沙强度的作用主要表现在两个方面：一个方面即通过前述的增大床面阻力的方式降低水流强度，从而降低水流挟沙力，减小输沙强度。另一方面，床沙粗化后可以增大床面泥沙的起动流速，从而使泥沙难以起动，有效降低床沙起悬能力，延缓床沙补给速率和河床冲刷速度。相关研究表明[98]，冲积河流床面薄层内泥沙随冲刷而迅速粗化，致使挟沙力迅速降低，不平衡输沙距离大大延长，有效降低了河床的冲刷速度。

3.2.2　沙质河床的纵剖面调整

河流的纵剖面形态包括两种：一种是河床的纵剖面形态；另外一种是水流的纵剖面形态，一般是指对应于某一特征流量的水面线。其中，河床纵剖面形态是决定水流纵剖面形态的重要因素。在水库下游清水下泄条件下，下游河道调整的总方向是降低河道水流输沙能力，以使河流向着新的平衡状态转化,而河床纵剖面调整在其平衡趋向过程中发挥着极其重要的作用,这早在 1948 年 J. H. Mackin 提出的平衡河流概念中就已有所论述,概念如下[99]:

一条平衡河流是经过一定的年月以后,坡降经过细致的调整,在特定的流量和断面特征条件下,正好具有使来自流域的泥沙能够输移下泄的流速。平衡河流是一个处于平衡状态的系统,它的主要特点是控制因素中任何一个因素的改变都会带来平衡的位移,其移动的方向能够吸收改变所造成的影响。

上述定义充分肯定了坡降调整在河流平衡趋向过程中的重要作用。当然,坡降调整作用的大小是否如其所述有待商榷,但不能忽视这种作用的存在。

1. 沙质河床纵剖面调整的一般现象

水库下游河道的河床纵剖面调整现象是极为常见的。在不受下伏卵石层影响、具有深厚沙质覆盖层的沙质河段,河床纵剖面调整一般呈递减趋势。

以长江中游沙质河段为例,三峡水库蓄水以后,荆江沙质河床段发生了剧烈冲刷,河床纵剖面形态也进行了相应的调整。图 3.2-10 所示为三峡水库蓄水前后沙市至城陵矶河段的河床纵剖面变化情况。从该图上可以看出,与 2003 年相比,经 4 年的冲刷以后,至 2007 年本河段河床纵剖面已有较明显的减缓趋势,河床比降由 2003 年的 0.52‰降为 2007 年的 0.47‰。

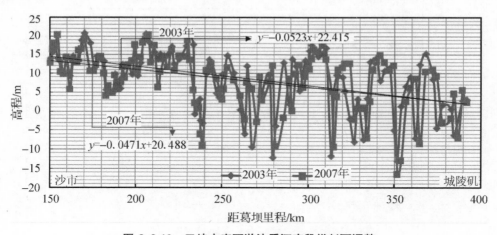

图 3.2-10　三峡水库下游沙质河床段纵剖面调整

同样的现象也出现在国外的一些河流上,如胡佛坝、派克坝下游沙质河段的坡降均呈现明显的逐年递减趋势[100],如图 3.2-11 所示。值得说明的是,该图中胡佛坝下游 158.4～176km 和派克坝下游 204～238km 范围河床是处于淤积状态的,但作为一个整体来看,上游冲刷、下游淤积也是坝下游沙质河床坡降调平的一种表现。

不仅天然河流水库下游沙质河段的河床纵剖面随着冲刷的发展而呈现减缓的趋势,水槽试验中清水冲刷条件下沙质河床的纵剖面也表现出了类似的变化规律,如钱宁在探讨水库下游河道重建平衡过程时所做试验中的 C 组[100]。试验所铺设的床沙中水流所不能带动的颗粒所占百分比仅为 1.6%，可视为沙质河床。试验结果如图 3.2-12a 所示。从该图中可以看出，随着冲刷历时的延长，河床纵剖面线性回归公式的斜率逐渐减小，河床比降逐渐趋缓。乐培九等[101]在探讨清水冲刷条件下河床调整过程的试验研究中，铺设的初始床面纵比降为零，随着冲刷历时的增加，河床上出现了倒坡现象，如图 3.2-12b 所示，这实际上仍然是一种河床比降趋缓的表现。

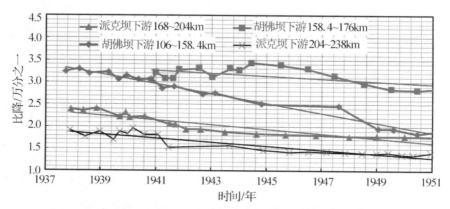

图 3.2-11　胡佛坝、派克坝下游沙质河床坡降变化趋势

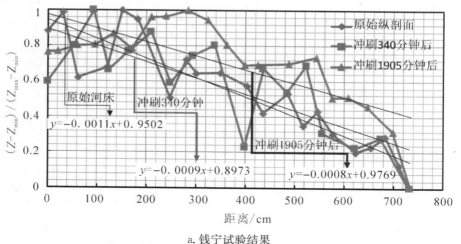

a. 钱宁试验结果

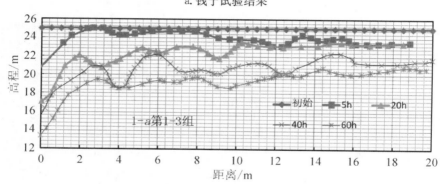

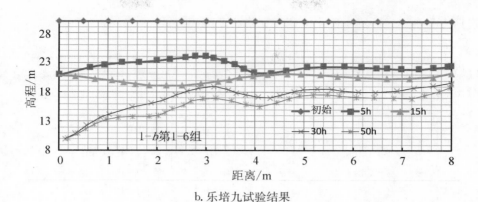

b. 乐培九试验结果

图 3.2-12　清水冲刷条件下沙质河床纵剖面变化

综合以上天然观测资料以及水槽实验资料不难看出,在水库下游清水冲刷条件下,沙质河段在平衡趋向过程中,河床纵剖面比降要作出相应的调整,调整方向一般是趋向于更加平缓。

2. 沙质河床纵剖面调整机理

水库下游沙质河床纵剖面的调整与泥沙运动规律密切相关。首先,从悬移质泥沙输沙方程来看,根据泥沙运动方程和泥沙连续方程可以得到:

$$\frac{\partial QS}{\partial x} = -\alpha\omega(S-S^*)$$

式中,α 通常被为泥沙恢复饱和系数,S 为含沙量,S^* 为水流挟沙力,Q 为流量。在挟沙力沿程不变的情况下,上式求解可得:

$$S = S^* + (S_0 - S^*)e^{-\frac{\alpha\omega x}{q}}$$

式中,S_0 为进口含沙量。在清水冲刷条件下,$S_0=0$,则上式可写为:

$$\frac{S}{S^*} = 1 - e^{-\frac{\alpha\omega x}{q}}$$

上式即为含沙量的沿程恢复表达式,对上式进行求导即可得含沙量的恢复速度:

$$\frac{\partial}{\partial x}\left(\frac{S}{S^*}\right) = \frac{\alpha\omega}{q}e^{-\frac{\alpha\omega x}{q}}$$

图 3.2-13 所示为在一定水流条件下,假定挟沙力沿程不变,根据上式计算得到的含沙量恢复速度沿程变化图。从该图上可以看出,在水流挟沙力沿程不变的条件下,不同粒径级泥沙的恢复速度沿程均呈降低的趋势,即在清水冲刷条件下,越接近上游,泥沙恢复速度越快,相应河床冲刷量也就越大。因此,在上游冲刷量大、下游冲刷量小的条件下,河床纵剖面比降势必呈变缓的趋势。对于天然河流而言,从多年平均输沙水平以及代表水流强度的摩阻流速沿程变化来看(图 3.2-6、图 3.2-7),水流挟沙力一般呈现沿程递减的趋势,水流对河床冲刷能力沿程降低。在此条件下,越往下游,泥沙的恢复速度将比图 3.2-13 所示降低得

更快,这将进一步促进冲刷条件下河床纵比降的变缓趋势。

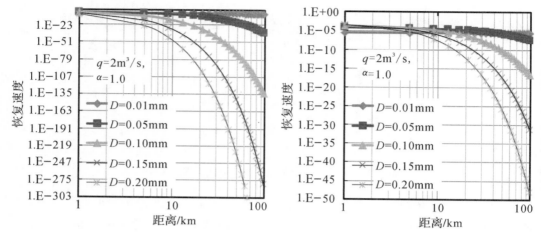

图 3.2-13　含沙量恢复速度示意图

其次,从泥沙交换的角度来看,河床冲刷主要取决于水体泥沙沉降强度与河床泥沙上扬强度的对比。在水流条件及河床组成沿程变化不大的条件下,河床泥沙的上扬强度可视为定值。此时,河床冲刷量的大小将主要取决于水体泥沙沉降量的大小,而后者与水流的含沙量水平是成正比的。因此,随着冲刷距离的延长,水体含沙量水平逐渐增加,泥沙沉降量逐渐增大,在与泥沙上扬的综合作用下,河床冲刷量则随之减少。在此情况下,同样会造成上游冲刷量大、下游冲刷量小的局面,河床纵比降也因此而趋缓。若水流条件沿程变弱,则沿程河床泥沙上扬强度更小、水体泥沙沉降强度更大,造成沿程冲刷量的进一步减少,这种情况下也将加强河床纵比降的趋缓调整。图 3.2-14 所示为三峡水库蓄水后 2002 年 10 月至 2007 年 10 月下游沙市—城陵矶沙质河段基本河槽冲刷量沿程变化图。从该图可以看出,冲刷量沿程基本呈递减的趋势,与上述分析结果是一致的。

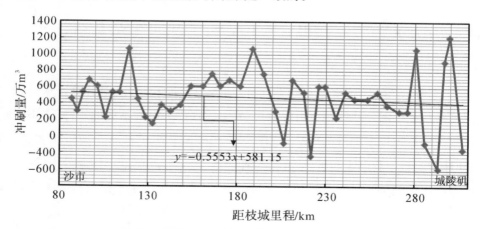

图 3.2-14　三峡水库下游沙市至城陵矶河段 2002—2007 年基本河槽冲刷量

综合以上分析不难看出,在清水冲刷条件下,河床冲刷量一般沿程呈递减趋势,上游冲刷量大、下游冲刷量小,河床纵比降因此而趋向平缓。

3. 沙质河床纵剖面调整在平衡趋向过程中的作用

河床纵比降的调整在水库下游沙质河床平衡趋向中发挥着极其重要的作用。首先,河床纵比降是影响水面比降的重要因素。对于明槽均匀流而言,水流的纵比降即等于河床纵比降,河床纵比降的趋缓必然导致水流纵比降的相应变缓。天然河流往往为非均匀流,但河床纵比降仍然是决定水面纵比降的重要因素,在河床冲刷下切的同时,往往伴随着水位的下降即为一个最有利的证据。对于沙质河段而言,在冲刷条件下很难形成抗冲性很强、水位控制性作用很大的卡口河段。因此,虽然由于受到各种因素变化的影响,水位下降幅度与河床冲刷幅度并不一致,但两者的变化趋势仍是一致的,河床比降的趋缓将导致水面比降的趋缓。如三峡水库蓄水后 2003—2007 年,沙市—城陵矶河段河床比降减小约 0.05‰(图 3.2-10),同时期两者水位下降值之差约为 0.62m[87],水面比降亦有所趋缓,河床比降与水面比降的变化趋势是一致的。水面比降趋缓以后,水流流速将有所减小,从而降低了水流的输沙能力。由于水面比降的调整幅度一般小于河床比降的调整幅度,如沙市至城陵矶河段长度以 265.8km 计,河床比降降低 0.05‰后,河段两端河床下切深度之差约为 1.33m,而水位下降值之差仅为 0.62m,上游水深将有明显增加,从而扩大了断面过水面积,降低了水流流速,也使水流输沙能力有所降低。

总而言之,在清水冲刷条件下,水库下游河道调整的总方向是降低河道水流的输沙能力。对于沙质河床而言,清水冲刷条件下,河段很难形成控制性作用较强的卡口河段,河床比降的趋缓将导致水面比降的趋缓、河段上游水深的增加,从而降低水流流速和水流输沙能力,促使河床向着新的平衡状态发展。

3.2.3　沙质河床的横断面调整

水流对河床的塑造能力主要来源于水流动能(以水流流速为代表),在一定的来流条件下,河道平衡状态所具有的断面形态是与来流动能相适应的。河流修建水库以后,由于水库下泄水流严重的次饱和性,挟沙量减少以后,水流剩余动能很大,对河床的塑造能力很强,河床的横断面形态需要作出相应的调整以降低水流动能、减小水流对河床的塑造能力,促使河床达到平衡状态。

1. 横断面调整的一般现象

水库下游河道横断面调整的方式主要包括河槽的下切和展宽两种。图 3.2-15 所示为三峡水库蓄水以后 2003—2005 年荆江沙质河段部分冲刷断面形态变化图。从该图中可以看出,水库蓄水以后,断面冲刷下切现象还是比较明显的,其中既有深泓位置的下切,也有边滩以及心滩位置的下切。河道展宽的现象在已建水库下游沙质河床的调整过程中也有出现。如 Williams 和 Wolman 统计的美国 17 座水库下游 231 个断面的调整现象中,河宽增大的断面约占 46%[83];官厅水库自 1953 年拦洪至 60 年代初期,永定河下游金门闸至石佛寺河段,深槽冲刷深度下切近 2m,而滩地坍塌却达 40%,滩地间距扩宽达 55%,如表 3.2-4 所示[102];密苏里河上游修建水库后的 1956 至 1974 年,滩地的年均冲失率约为 76ha/a,且冲去的多为高滩,河槽较建库前有所展宽[103];丹江口水库下游襄阳至皇庄河段,除局部河段两岸有不对称的山丘阶地靠近河道外,绝大部分河段均由沙滩构成,抗冲性比较差,河道断面调整以展宽为主[104]。

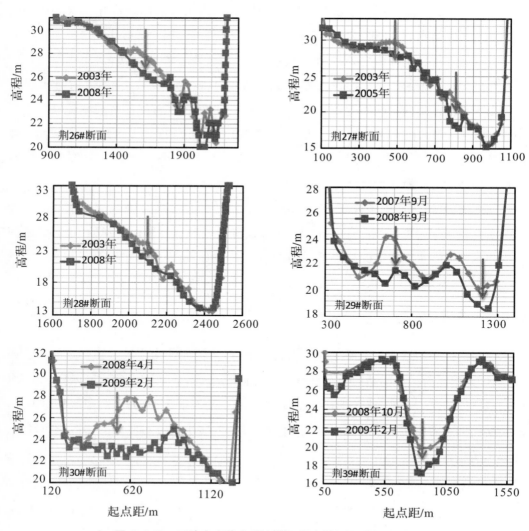

图 3.2-15　三峡水库蓄水后沙市河段冲刷断面形态变化图

表 3.2-4   官厅水库修建后下游金门闸至石佛寺河段滩地坍塌和滩坎间距展宽过程

项目	建库前	建库后		
	1950 年 12 月	1956 年 4 月	1957 年 9 月	1958 年 9 月
滩地面积/km²	18.6	12.8	11.2	11.0
滩坎间距/m	420	600	650	655

断面展宽除了以滩地的冲蚀方式进行以外,还常以崩岸的方式进行。汉江丹江口水库运用后下游河道年崩率比蓄水前增加了约 1/3。根据贾敏锐对汉江中下游红山头至薛家脑游荡性河段崩岸情况统计[105]:1960—1968 年牛路口浅滩段左岸累积最大崩岸宽度达 1349m,占 1960—1989 年总崩岸宽度的 71%;与此同时,白路岭、三滩两浅滩段右岸最大崩岸宽度则分别达到 1400m 和 1200m,分别占 1960—1989 年崩宽的 53% 和 79%。从地形资料分析得知,在平滩水位下,1960 年各河段的平均河宽一般小于 1000m,而 1989 年则都展宽到 2000m 以上,超过了原河宽的一倍,如牛路口、白路岭、三滩河段 1960—1989 年河道平均水面宽分别展宽 1189m、1334m 和 1049m[106],分别比原河宽增大 1.5、2.0 和 1.1 倍。三峡水库蓄水后 2003—2006 年的实测资料表明,荆江干流河段发生较大崩岸险情 101 处,年均发生崩岸险情约 34 处,年均总崩长达 33.64km。与蓄水前相比,三峡水库蓄水后崩岸险情发生的频次明显增多[107]。根据长江荆江河段 2003—2007 年险工护岸巡查简报统计[108],崩岸不仅发生在未护岸段,已护岸段同样也发生了崩岸。

断面的下切与展宽在很多情况下往往并不是独立存在的。对于以滩地冲蚀为主要展宽方式的河段,滩地的冲蚀固然可以带来河槽河宽的增加,但从滩地的高程来看,滩地的冲蚀也代表着河床高程的降低,因此,河槽的下切与展宽往往是同时存在的,如图 3.2-16 所示的几种断面的下切与展宽,每一种断面的下切都伴随着某水位下河宽的相应增加,而每一种展宽也都伴随着某节点范围内河床高程的下切。

图 3.2-16   横断面下切或展宽调整后湿周变化示意图

2. 横断面调整的机理及作用

下切与展宽作为横断面调整的两种方式,孰主孰次在水利界颇有分歧。若从断面各节点的不饱和程度来分析断面的调整情况,在初始河床组成沿横断面分布比较均匀的情况下,假定断面上各节点的流速仍可用谢才公式表示,并假定糙率和比降沿河宽方向不变,则断面上每一点的流速与断面平均流速的关系为:

$$\frac{U_i}{U} = \left(\frac{H_i}{H}\right)^{2/3}$$

此时采用张瑞谨公式计算断面各节点的挟沙力可得：

$$\frac{S_i^*}{S^*} = \left(\frac{H_i}{H}\right)^m$$

根据高幼华等人的研究[109]，子断面含沙量与断面平均含沙量可用如下经验关系表示：

$$\frac{S_i}{S} = 1.2\left(\frac{H}{H_i}\right)^{0.167}\left(\frac{U_i}{U}\right)^{0.6} = 1.2\left(\frac{H}{H_i}\right)^{0.167}\left(\frac{H_i}{H}\right)^{2/3} = 1.2\left(\frac{H_i}{H}\right)^{0.5}$$

取 $m=0.92$，则河床组成沿横断面分布比较均匀情况下，子断面不饱和程度与断面平均不饱和程度的关系为：

$$\frac{S_i}{S_i^*} = 1.2\frac{S}{S^*}\left(\frac{H_i}{H}\right)^{-0.42}$$

从上式可以看出，子断面水深越大，则相对水深 H_i/H 也就越大，子断面含沙量与挟沙力的比值就越小，而不饱和程度就越大，其受冲刷程度也就越剧烈。在此情况下，断面势必将向着窄深的方向发展。图 3.2-17 所示为三峡水库蓄水后 2003—2009 年沙市河段断面深泓位置的历年变化情况。从该图可以看出，近年来本河段深泓位置逐渐趋于稳定，年际间变化幅度逐渐减小，这种现象符合断面向窄深方向发展的趋势。若断面向宽浅方向发展，则当河宽增大以后，水流趋于分散，深泓位置必将摇摆不定，年际间变化幅度将会比较大。

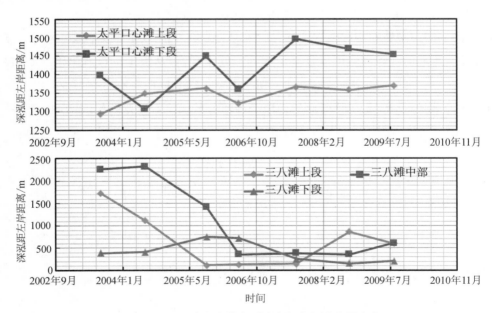

图 3.2-17　三峡水库蓄水后沙市河段深泓位置变化

然而，这种格局并不是一成不变的。随着断面的冲刷下切，断面各节点冲刷幅度的不一致将使河床组成沿断面的差异越来越明显，水深较大的深泓位置由于冲刷幅度较大，床沙将有一定程度的粗化,这将使河床的冲刷下切变得越来越困难;而且随着河床的不断冲刷下切,岸坡将变得越来越陡,滩槽高差也越来越大,这都将促进或造成崩岸以及滩地冲蚀等现象的发生,从而使河床以展宽为主。上文所述是在水库蓄水后初始河床横向组成比较均匀的情况下可能出现的下切与展宽过程,相关的实验研究也证明了这一点[110]。这说明,水库下游河道的断面调整是服从水流挟沙饱和程度越小、冲刷幅度越大的基本规律的。

当然,天然河道的河床组成比较复杂,洲滩与枯水河槽的河床组成差异可能很大,依据河床组成与水流条件得到的水流挟沙力(详见第 3 章)沿断面分布可能差异很大,因此水流挟沙饱和程度可能差异很大,再加之河型、河势等各种因素的影响,天然河道的横断面的调整可能不是上述简单的下切与展宽过程,实际断面的调整可能更加复杂多样,因此图 3.2-15 中所示部分断面中虽然有较明显的深泓下切现象,但同时也存在部分断面洲滩下切明显的现象。

断面下切或展宽对水流的最直接的作用即为扩大断面过水面积、减小水流流速。此外,它在调节水流动能方面还有另外一个作用,即通过下切或展宽,增大单位长度河段水流与河床的接触面积(即湿周),从而达到增加水流摩擦阻力与能量损失、减小水流动能的目的。图 3.2-16 中 A、B 所示为两种概化的断面下切与展宽方式。在这两种方式的调整中,湿周较断面下切或展宽前均有所增加。图 3.2-18 所示为三峡水库蓄水后长江中游沙市—城陵矶沙质河段固定断面 2005 年与蓄水前的 2002 年相比湿周的变化情况。从该图可以看出,三峡水库蓄水以后,绝大部分断面的湿周都有增加的现象。当然,河道下切或展宽后湿周增加并不是在所有河段都是成立的。对于有边滩或心滩存在的河段,若洲滩发生大面积冲蚀后退,则断面下切或展宽后湿周可能是不变或有所减小的,如图 3.2-16 中 C、D 两种情况所示:C 中边滩后退后湿周基本不变,D 中心滩冲蚀后湿周有所减小。但一般情况下,心滩冲刷下切所带来的湿周减少作用与断面过水面积增加作用相比可基本忽略不计,如图 3.2-15 中荆 29♯ 与荆 30♯ 附近断面,在沙市流量为 30000m³/s 时对应的水位下,冲刷前后两者的过水面积分别增加 5% 和 10%,但湿周相应减少却不足 1%。

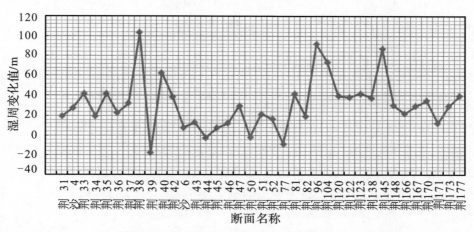

图 3.2-18　沙市至城陵矶河段 2005 年与 2002 年相比湿周变化值($Q=10000\text{m}^3/\text{s}$)

3.2.4 沙质河床平衡趋向中的复杂响应

水库蓄水以后,上述水库下游沙质河段的各种调整方式既单独作用,又相互联系而共同作用,各调整现象及其在平衡趋向中的作用可用图 3.2-19 来表示,概述如下:

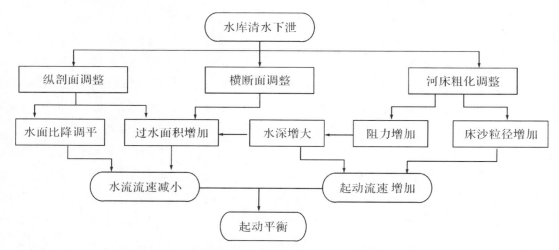

图 3.2-19 水库下游沙质河床平衡趋向部分因素调整示意图

1. 纵剖面调整

纵剖面的趋缓是水库下游沙质河段平衡调整的普遍现象,其作用主要是增大过水面积、调平河床比降与水流比降,从而降低水流流速,减小水流冲刷能力。

2. 河床粗化调整

受泥沙自身特性及沿程水力要素影响,距水库较近的沙质河段将因粗细泥沙冲刷数量的不一致而导致河床粗化,距水库较远的沙质河段将因粗沙的淤积而发生粗化现象,其主要作用一方面是增大床沙粒径,增强河床自身的抗冲刷能力,另一方面是增大水流阻力,从而增加水深、流速减缓,减小水流对河床的冲刷能力。

3. 横断面调整

横断面调整的主要作用是增大过水面积,同时增加水流与河床的接触面积,从而使床面摩擦阻力增加,水深增大,降低水流对河床的冲刷能力。

值得提出的是,从水流运动的基本规律来看,河床粗化调整后,河道阻力的增加可能在一定程度上使水面比降有所增大,与河床纵剖面趋缓调整等其他因素调整对水面比降的影响恰恰相反。但从水库下游沙质河道的实际现象可以看出,河道水面比降的趋缓调整现象是确实存在的,由此也说明了河床粗化导致河道阻力增加所引起的水面比降增加作用尚不及其他因素调整所带来的比降趋缓作用,再加之阻力增加对河道水深的影响以及河床粗化后床沙起动难度的增加,因此总体而言河床粗化在水库下游沙质河道向起动平衡状态发展的过程中是起到积极作用的。

综合以上各因素的调整现象及作用可以发现,在清水冲刷条件下,各因素调整的终极结果是改变了决定河床冲刷发展的两个方面:一个是河床自身的抗冲刷能力,以泥沙起动流速为代表;另外一个是水流塑造河床的能力,以水流流速为代表,当两者相当时河床便进入绝对平衡状态,而此最终状态是由泥沙的起动条件决定的,亦即沙质河床的最终平衡状态将是起动平衡。

3.3　本章小结

不同类型河道由于河床组成、河床地质、河岸控制条件等不同,在次饱和水流冲刷条件下,其达到平衡的过程、方式以及平衡状态等均有所不同。本章依据水库下游实测资料以及水槽实验资料,按照河床组成性质的不同,对水库下游卵石夹沙河床和沙质河床在平衡趋向中的调整现象进行了归纳与总结,主要结论如下:

(1)在清水冲刷条件下,由于水流的拣选作用,卵石夹沙河段的细颗粒泥沙逐渐被冲刷,较粗颗粒泥沙聚集于床面而形成抗冲保护层,河床发生粗化,这一方面限制了床沙的起动,另一方面增加了床面阻力、减缓了水流流速,使得床沙抗冲能力进一步增强,两个方面的综合作用使卵石夹沙河段最终处于冲刷平衡状态。对于卵石夹沙河段,其最终的平衡状态往往决定于下伏卵石层埋藏情况。

(2)沙质河床平衡趋向过程的纵剖面调整主要表现为河床纵剖面的趋缓。在清水冲刷条件下,距离水库越远,泥沙恢复速度越慢,相应河床冲刷量越小,加之水流条件的沿程趋缓作用,河床纵剖面因此而趋向平缓。其直接作用为水面比降的趋缓,加之上下游冲刷深度的不一致,造成河段上游水深的增加,从而降低水流流速和水流输沙能力,促使河床向平衡方向发展。

(3)沙质河床平衡趋向过程的粗化调整主要包括各粒径组泥沙均发生冲刷情况下,粗、细沙冲刷数量差异造成的粗化,以及不同粒径组泥沙冲淤规律不一致情况下,粗沙淤积或冲淤不大、细沙冲刷造成的粗化,其主要作用为增大河床阻力以降低水流强度和输沙强度,以及增加泥沙起动难度以减缓冲刷速度。

(4)沙质河床平衡趋向过程中横断面的调整方式主要包括横断面的下切与展宽调整,其主要作用包括扩大断面过水面积、减小流速,以及增加单位长度河段水流与河床的接触面积,从而达到增加水流摩擦阻力与能量损失、减小水流动能与造床能力的目的。

(5)在清水冲刷条件下,沙质河床各因素调整的终极结果是改变了决定河床冲刷发展的两个方面:河床的抗冲刷能力和水流塑造河床的能力,当两者相当时河床便进入绝对平衡状态,而此最终状态是由泥沙的起动条件决定的。

第4章 非均匀沙数值模拟关键技术

4.1 基于泥沙交换的非均匀沙挟沙力

对于天然河流,无论是水流中的泥沙还是河床上的泥沙,其组成一般为非均匀沙,因此针对天然河流的非均匀泥沙数学模型,非均匀沙分组挟沙力的计算是其关键问题之一。目前,针对非均匀沙挟沙力已展开了相当多的研究,根据研究的出发点和研究思路的不同,所得到的结果差异也比较大。因此,对于非均匀沙挟沙力的再研究,应在充分理解其概念——河床冲淤平衡条件下的水流临界含沙量的基础上进行,计算时应充分考虑水流条件、泥沙自身特性和河床组成的影响。本节基于泥沙运动统计理论的泥沙上扬与沉降通量,建立了非均匀沙挟沙力的计算公式,并与其他公式进行了比较,对其合理性进行了分析,并指出其中的不足和改进方法。

4.1.1 非均匀沙挟沙力一般计算方法

目前,针对非均匀沙挟沙力的计算方法基本上可以分为四类,即直接分组计算法、力学修正法、床沙分组法和输沙能力级配法[111]:

1. 直接分组计算法

直接分组计算法是依据非均匀沙的运动规律,直接计算不同粒径级泥沙的输沙能力。这种计算方法以 Einstein 的床沙质函数[112]、Laursen 公式[113] 和 Toffaleti[114,115]公式等为典型代表。在这类计算方法中,Einstein 的床沙质函数在理论上已经得到了国内外学术界的广泛认可。他首先认识到了非均匀沙中不同粒径级泥沙的存在对某一特定粒径级泥沙输移过程的影响,并通过引入隐蔽系数来对其进行考虑。Misri 等曾利用大量的实验室资料对 Einstein 方法进行了检验,根据他们的粗沙水槽实验发现了 Einstein 方法存在的不足,指出 Einstein 方法中隐蔽系数的计算结果与实测资料相去较远[116,117]。此外,曾鉴湘[118]及张凌武[119]从悬移质泥沙与河床质泥沙的交换规律出发,也提出了直接计算悬移质各粒径组泥沙输沙能力的计算方法。此方法的物理概念比较清晰,但其研究中对于泥沙沉降通量的考虑相对比较简单,挟沙力计算结果随水流强度的变化规律与定性分析存在一些不符之处。

2. 力学修正法

力学修正法是通过水流作用于床面的剪切力进行修正，将适用于均匀沙的输沙能力公式延伸到非均匀沙的分组输沙能力计算中，基于这一概念的研究成果也比较多。Patel 和 Ranga Raiju[120]根据大量的水槽实验和野外实测推移质输沙资料，建立了推移质分组输沙能力的计算方法，并对基于同一类研究方法的研究成果，如 Ashida 和 Michiue[121]、Proffit 和 Sutherland[122]、Bridge 和 Bennett[123]等提出的计算方法进行了检验，发现所有的计算结果均不能令人满意。最近，Wilcock 和 McAredll[124]及 Wilcock[125]也对泥沙的部分输移现象和分组输沙能力进行了研究。他们将分组输沙能力表示成空间掺混、位移概率和位移长度的乘积，强调了分组输沙中的部分输移现象。虽然部分输移现象在卵石河床上式普遍存在的，但在沙质河床上却并不重要[111]。

3. 床沙分组法

床沙分组法是假定非均匀沙分组输沙能力由可能挟沙力与相应粒径组泥沙在河床上所占百分比的乘积得到。由于床沙分组法概念简单，且在一定条件下计算结果的精度也基本可以接受，因此在泥沙数学模型中得到了较广泛的应用，如 HEC-6 模型[126]、GSTARS 模型[127]、CARICHAR 模型[128]以及 BRI-STRAS 模型[129,130,131]。床沙分组法的不足是没有考虑非均匀沙中不同粒径组泥沙之间的相互影响。Hsu 和 Holly 曾指出，该方法得到的分组输沙能力精度较差，相应的总输沙能力也与实际值相去甚远[132]。为了弥补床沙分组法忽略颗粒之间相互作用的缺陷，Karim 和 Kennedy[133]曾将掩蔽系数引入到床沙分组法中，以此来反映非均匀沙中其他粒径组泥沙的存在对给定粒径组泥沙输沙能力的影响。

4. 输沙能力级配法

输沙能力级配法是通过建立输沙能力级配函数，计算出总的床沙质输沙能力以后，利用输沙能力级配函数将输沙能力分配到各粒径组。此方法的关键是在于确定输沙能力级配函数，如韩其为[134]、窦国仁[135]等根据来沙级配建立了输沙能力级配的计算公式，Karim 和 Kennedy[133]建立了输沙能力级配与相对粒径及水深的函数关系，Hsu 和 Holly[132]在对非均匀沙水槽实验分析的基础上，假定输移泥沙中某粒径组泥沙所占比重，与该组泥沙的相对可动性和床面补给率的联合概率成正比，建立了输沙能力级配函数。最近，Wu[136]等基于输沙能力级配法的概念，建立了一种分组输沙能力计算方法，并选用实测资料对计算公式中的参数进行了率定和验证。李义天[137]等则根据泥沙运动的统计理论，建立了床沙质泥沙的输沙能力级配函数，该方法可同时反映水流条件及河床组成对挟沙力级配的影响，并且具有比较明确的物理意义。

4.1.2　基于泥沙交换的非均匀沙挟沙力

从上述研究成果来看,对于非均匀沙挟沙力,由于研究思路不同,所得到的结果差异也比较大。对于非均匀沙挟沙力的再研究,应在明确其物理意义的基础上确定进一步研究的思路。从含沙量与河床冲淤的关系来看,当含沙量大于某一临界水平时,河床将发生淤积,而当其小于某一临界水平时,河床将发生冲刷,冲泄质泥沙基本不参与河床冲淤,因此,所谓挟沙力是指在一定的水流和泥沙综合条件(水流流速、过水面积、水力半径、水流比降、泥沙粒径、水流密度、泥沙密度和床面泥沙组成条件等)下,水流能够挟带的床沙质临界含沙量[138]。从泥沙运动角度来看,尽管根据运动形式的不同可以把泥沙分为接触质、跃移质、悬移质以及层移质等组成部分,但河床的冲淤归根结底是水体中泥沙的沉降与河床上泥沙的上扬这两种运动的结果。实际观测现象表明,泥沙颗粒在运动过程中的状态并不是一成不变的,而是时而沉降到河床,时而又从河床上冲起。对于河床上的某一位置而言,河床上泥沙的上扬与水体中泥沙的沉降现象是同时存在的[139],而河床冲淤平衡状态亦即对应于沉降通量与上扬通量相等的状态。因此,从泥沙交换和河床冲淤角度而言,挟沙力应为河床泥沙上扬通量与水体中泥沙沉降通量相等、河床不冲不淤时对应的临界含沙量,根据冲淤平衡时两者相等的关系即可推导出挟沙力表达式。因此,基于泥沙交换的非均匀沙挟沙力计算,首先需要确定不同水流条件及河床组成条件下的泥沙沉降与上扬通量。

1. 泥沙沉降通量

泥沙沉降通量主要受水体近河床底部含沙量和泥沙有效沉速的影响,而泥沙有效沉速与单颗粒泥沙在静水中的沉速相比,还受到泥沙颗粒形状、边界条件、含沙浓度及水流紊动作用的影响。

(1)泥沙颗粒形状对泥沙沉速的影响。

现有泥沙沉速多根据圆球颗粒在水中的受力情况推求,对于天然沙而言,泥沙颗粒没有比较规则的几何形状,如果能够量出泥沙颗粒的长、中、短轴的直径,则可以通过实验建立起这些直径的比值与沉速间的关系。日本的吉良八郎曾经进行了大量的实验,并得出了计算公式[140]。阿尔杰和西蒙斯则用几种不同形状的砾石在不同比例的水—甘油混合液中进行试验,得出一组以形状系数为参数的阻力系数与雷诺数的关系曲线[141]。舒尔兹则采用形状参数建立了不同形状系数下阻力系数与雷诺数之间的关系[142]。然而,天然沙一般粒径都比较小,确定其形状参数在实际应用中是比较困难的,因此不少研究工作者建立起了天然泥沙静水沉速的经验数学表达式,如鲁比公式[143]和张瑞瑾公式[138]:

$$\omega_{0,i} = \sqrt{\left(\frac{4k_2}{k_1}\frac{v}{D_i}\right)^2 + \frac{4}{3k_1}\frac{\rho_s - \rho}{\rho}gD_i} - \frac{4k_2}{k_1}\frac{v}{D_i}$$

式中，D_i 为泥沙粒径，i 为粒径编号，υ 为水的运动黏滞性系数，ρ_s 和 ρ 分别为泥沙和水的密度，k_1 和 k_2 为待定系数。张瑞瑾根据实测资料，确定公式中系数 k_1 和 k_2 分别取 1.22 和 4.27，代入上式后即得：

$$\omega_{0,i} = \sqrt{\left(13.95\frac{\upsilon}{D_i}\right)^2 + 1.09\frac{\rho_s - \rho}{\rho}gD_i} - 13.95\frac{\upsilon}{D_i}$$

（2）边界条件对泥沙沉速的影响。

在泥沙沉速公式推导过程中，一般都假定水体范围无限大，显然在河底附近是不满足上述条件的。当泥沙在沉降过程中逐渐接近河床表面时，泥沙颗粒将受到河床表面的影响而减速，这一影响可按洛伦兹公式估算[144]：

$$\omega_i = f_1\omega_{0,i}, \quad f_1 = \frac{1}{1 + \frac{9}{16}\frac{D_i}{s}}$$

式中，s 为泥沙颗粒中心距河底距离。相关研究表明，上式计算结果与实验室结果略有出入，在 $s/D_i < 15$ 的范围内，上式计算结果偏小[145]。

（3）含沙浓度对沉速的影响。

水流中如果同时存在许多泥沙颗粒，则对于任何一颗沙粒来说，其他颗粒的存在将对它的沉降产生一定影响。由于低含沙量与高含沙量时的力学性质有所不同，需要分别对待。其中，低含沙量条件下，泥沙沉降公式可以写成如下形式[139]：

$$\frac{\omega_{0,i}}{\omega_{2,i}} = 1 + 1.24k\rho_s^{1/3}S^{1/3}$$

式中，S 为总含沙量，单位为 kg/m^3，k 为系数，不同研究结果中取值如表 4.1-1 所示。麦克诺恩和林秉南考虑了惯性力的作用，把低含沙量条件下的沉速公式应用范围扩大到雷诺数等于 2 以下，并进行了大量的实验，当体积比含沙量在 2.25% 以内时，基本验证了理论推导结果的可靠性[146]。

表 4.1-1　　　　　　　　　　　　低含沙浓度对沉速影响系数

作者	坎宁安[147]	麦克诺恩[148]	厄基达[149]
k	1.7~2.25	0.7	0.835
作者	蔡树棠[150]	斯莫洛奇斯基[151]	伯吉斯[153]
k	0.75	1.16	1.4

在高含沙量条件下，泥沙沉速可写成如下形式：

$$\omega_i = f_2\omega_{0,i}, \quad f_2 = (1 - \rho_s S)^m$$

式中，m 为粒径 D_i 的函数，一般大于 2。曹志先等[153]给出了指数 m 的表达式为：

$$m = 4.45 \left(\sqrt{\frac{\rho_s - \rho}{\rho} g d} \frac{D_i}{\upsilon} \right)^{-0.1}$$

取$(\rho_s - \rho)/\rho = 1.65$，$\upsilon = 1.2\text{E-}6\,\text{m}^2/\text{s}$，根据上式计算的指数$m$值如图4.1-1所示。从该图可以看出，指数$m$的取值范围一般为3～8。对于在天然河流河床上大量存在的0.1mm左右的泥沙而言，m值约为5。

（4）紊动对泥沙沉速的影响。

当水流中存在紊动时，泥沙在沉降过程中就要受到涡流的影响，这种影响主要表现为以下三个方面[139]：

第一，由于水流的脉动性质，作用在颗粒上的外力使颗粒不能长期保持平衡，再加上涡体的旋转作用，颗粒在沉降中不断打转，不能以最稳定的方式下沉。事实上，即使泥沙在静水中沉降，当雷诺数超过某一极限以后，颗粒也会受到尾迹中的漩涡作用打转。

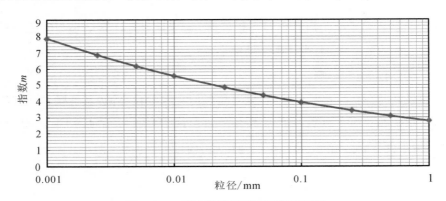

图4.1-1 高含沙浓度对沉速影响系数

第二，由于脉动流速的大小和方向都不断因时因地而改变，沙粒在沉降过程中有时受到加速作用，有时又受到减速运动。此时作用在沙粒上的阻力还要加上因变速运动而产生的额外阻力。杜不阿在18世纪末就已证明计算物体在静水中摇摆时所承受的阻力需要增加一部分虚质量。

第三，水流中存在紊动，将使泥沙颗粒顶点部分的分离点位置以及泥沙颗粒表面的压力分布发生变化，从而使泥沙颗粒所承受的阻力减小或者增大。

以上三种作用，前两者作用将使泥沙沉速减少。从理论分析[154-157]及实验研究[158-160]结果来看，紊动的存在都将使泥沙沉速在一定程度上有所减小，减少幅度一般在20%～30%。

综合以上分析可见，泥沙的有效沉速受到多种因素的影响，所以沉降通量不能简单地表示为近河床底部含沙量与泥沙静水沉降速度的乘积，如下：

$$g_{\downarrow,i} = S_{b,i} \omega_{0,i}$$

它还应考虑河床边界条件、含沙量以及水流紊动等因素的影响。根据上述研究,泥沙沉降通量可用下式表示:

$$g_{\downarrow,i} = S_{b,i}\omega_i = S_{b,i}f_1f_2f_3\omega_{0,i} = 0.75S_{b,i}\omega_{0,i}(1-\rho_sS_b)^m \frac{1}{1+\frac{9}{16}\frac{D_i}{s}}$$

在河床表面附近,取 $D_i = s$,则上式可以进一步简化为:

$$g_{\downarrow,i} = 0.48S_{b,i}\omega_{0,i}(1-\rho_sS_b)^m$$

式中,沉降通量是关于含沙量的非线性表达式,这在挟沙力推导计算中将比较复杂,需要进行试算。韩其为等根据泥沙运动统计理论[161,162],也给出了单位时间,单位面积河床上的泥沙沉降通量,如下式所示:

$$g_{\downarrow,i} = S_{b,i}\omega_{0,i}(1-\omega_{0,i})(1-\varepsilon_{4,i})\left[\frac{1}{\sqrt{2\pi}(1-\varepsilon_{4,i})}\frac{u_*}{\omega_{0,i}}e^{-\frac{1}{2}\left(\frac{\omega_{0,i}}{u_*}\right)^2}+1\right]$$

式中,$\varepsilon_{0,i}$ 为不止动概率,$(1-\varepsilon_{0,i})$ 为止动概率,$\varepsilon_{4,i}$ 为悬浮概率,各参数计算方法如下:

① 不止动概率 $\varepsilon_{0,i}$:

$$\varepsilon_{0,i} = \frac{1}{\sqrt{2\pi}}\int_{\frac{V_{b,k_0,i}-V_{b,i}}{\sigma_x}}^{\infty}e^{-\frac{t^2}{2}}dt = \frac{1}{\sqrt{2\pi}}\int_{\frac{V_{b,i}}{2.1u_*}-2.7}^{\infty}e^{-\frac{t^2}{2}}dt$$

式中,$V_{b,i}$ 为底部平均纵向流速,$V_{b,k_0,i}$ 为止动流速,σ_x 为底部纵向瞬时速度均方差。有关试验结果表明,$\sigma_x = 0.37V_b$,$\sigma_x = 2.1u_* \approx 2u_*$。式中,止动流速计算公式为:

$$V_{b,k_0,i} = 0.916\sqrt{\frac{4}{3C_x}\frac{\rho_s-\rho}{\rho}gD_i}$$

其中,C_x 为正面推力系数,一般取为 0.4。

② 悬浮概率计算:

$$\varepsilon_{4,i} = \frac{1}{\sqrt{2\pi}}\int_{\frac{\omega_{0,i}}{\sigma_y}}^{\infty}e^{-\frac{t^2}{2}}dt = \frac{1}{2\pi}\int_{\frac{\omega_{0,i}}{1.05u_*}}^{\infty}e^{-\frac{t^2}{2}}dt$$

式中,σ_y 为底部竖向瞬时速度均方差,有关试验结果表明,可取 $\sigma_y = 1.05u_* \approx u_*$。

李义天根据统计理论[163]也推导了单位面积床面单位时间内的泥沙沉降通量:

$$g_{\uparrow,i} = S_{b,i}\omega_{0,i}\left[\frac{u_*}{\omega_{0,i}\sqrt{2\pi}}e^{-\frac{1}{2}\left(\frac{\omega_{0,i}}{u_*}\right)}+\varnothing\left(\frac{\omega_{0,i}}{u_*}\right)\right]$$

上述两式中,沉降通量都是关于含沙量的线性表达式,在挟沙力推导中计算比较简单,本书取韩其为公式为泥沙沉降通量计算表达式。

2. 泥沙上扬通量

泥沙受到水流条件、河床补给以及床沙颗粒间的相互隐蔽作用等的影响,其上扬通量的计算也相对比较复杂。目前,基于不同的理论,泥沙上扬通量的研究也取得了一定的成果,如 Einstein[164]、Yalin[165]、Nagakawa[166]、Ruite[167] 和 Fernandez[168] 等均提出了相关的经验公式或模式,这些经验公式或模式尚不能准确地描述上扬通量随水沙特性的变化规律[169]。曹志先[170]根据湍流猝发的平均周期及其空间尺度,构造了可自由冲刷床面泥沙上扬通量的理论模式,但该模式只适应于均匀沙情况。韩其为[161]和李义天[163]基于统计理论也给出了上扬通量的表达式:

(1)韩其为公式:

$$g_{\uparrow,i} = \frac{2}{3}\rho_s m_0 P_{b,i}\omega_{0,i}\frac{\beta_i(1-\varepsilon_{0,i})(1-\varepsilon_{4,i})}{1-(1-\varepsilon_{1,i})(1-\beta_i)+(1-\varepsilon_{0,i})(1-\varepsilon_{4,i})}\left(\frac{1}{\sqrt{2\pi}\varepsilon_{4,i}}\frac{u_*}{\omega_i}e^{-\frac{1}{2}\left(\frac{\omega_i}{u_*}\right)}-1\right)$$

式中,m_0 为床沙静密实系数,其值取为0.4;$P_{b,i}$ 为床沙中某粒径组泥沙的含量;β_i 为起悬概率,在一般条件下要考虑颗粒之间黏着力及薄膜水附加压力,即要考虑松动条件,此时计算较为复杂。当床面颗粒处于松动条件下,$\beta_i = \omega_{4,i}$;$\omega_{1,i}$ 为起动概率,计算公式为:

$$\varepsilon_{1,i} = \frac{1}{\sqrt{2\pi}}\int_{\frac{v_{bK_{1,i}}-v_{b,i}}{\sigma_x}}^{\infty}e^{-\frac{t^2}{2}}dt = \frac{2}{\sqrt{2\pi}}\int_{\frac{v_{b,k_{1,i}}}{2.1u_*}-2.7}^{\infty}e^{-\frac{t^2}{2}}dt$$

$$V_b,k_{1,i} = 0.916\sqrt{53.9D_i+\frac{2.98\times10^{-7}}{D_i}(1+0.85H)}$$

其余参数同前文。

(2)李义天公式:

$$g_{\uparrow} = V_{b,i}\left(\frac{u_*}{\sqrt{2\pi}}e^{-\frac{1}{2}\left(\frac{\omega_{0,i}}{u_*}\right)^2}-\omega_{0,i}\left(1-\phi\frac{\omega_{0,i}}{u_*}\right)\right)$$

式中,$V_{b,i}$ 为单位面积床沙中参与交换的沙量。

从上述两式可以看出,前者考虑的是单位面积河床表面参与交换的泥沙量,而后者考虑的是单位面积河床中参与交换的床沙总量,而对于 $V_{b,i}$ 的确定,需要考虑混合层厚度(参与交换的床沙厚度)的计算。目前,混合层厚度多采用经验值来计算,为与前文对应,此处仍选择韩其为公式来计算泥沙沉降通量。

3.非均匀沙挟沙力

从水体泥沙与河床泥沙的交换来看,当水体含沙量小于某临界含沙量时,泥沙交换的综合效果是泥沙由河床进入水体,河床将发生冲刷;当水体含沙量大于某临界含沙量时,泥沙交换的综合效果则是泥沙由水体落淤到河床上,河床发生淤积。而所谓水流挟沙力,即在一定的来水来沙条件和河床组成条件下,当河床冲淤平衡时对应的床沙质临界含沙量。因此,基于挟沙力的物理含义,在河床冲淤平衡条件下,当泥沙沉降通量与上扬通量相等时,根据上文选取的基于泥沙运动统计理论的泥沙沉降通量与上扬通量表达式即可推导出非均匀沙挟沙力表达式,如下:

$$S_{b,i}^* = \frac{2}{3}m_0\rho_s P_{b,i}\frac{\beta_i}{1-(1-\varepsilon_{1,i})(1-\beta_i)+(1-\varepsilon_{0,i})(1-\varepsilon_{4,i})}\frac{\dfrac{1}{\sqrt{2\pi}\varepsilon_{4,i}}\dfrac{u_*}{\omega_i}e^{-\frac{1}{2}\left(\frac{\omega_i}{u_*}\right)^2}-1}{\dfrac{1}{\sqrt{2\pi}(1-\varepsilon_{4,i})}\dfrac{u_*}{\omega_{0,i}}e^{-\frac{1}{2}\left(\frac{\omega_{0,i}}{u_*}\right)^2}+1}$$

上式即为冲淤平衡时河床底部附近挟沙力表达式。在平衡条件下,选取合适的含沙量沿垂线分布公式并沿垂线进行积分后,得出垂线平均含沙量与河床底部含沙量的关系,代入上式即可求得垂线平均挟沙力表达式。此处,选择形式比较简单的莱恩公式,经过积分后,垂线平均含沙量与底部含沙量的关系可表示为:

$$s = s_b \frac{ku_*}{6\omega}(1 - e^{-\frac{6\omega}{ku_*}})$$

代入上式后可得垂线平均挟沙力公式:

$$S_i^* = \frac{2}{3}m_0\rho_s P_{b,i}\frac{ku_*}{6\omega_i}(1 - e^{\frac{6\omega_i}{ku_*}})\frac{\beta_i}{1 - (1-\varepsilon_{1,i})(1-\beta_i) + (1-\varepsilon_{0,1})(1-\varepsilon_{4,1})}$$

$$\times \frac{\frac{1}{\sqrt{2\pi\varepsilon_{4,i}}}\frac{u_*}{\omega_{0,i}}e^{\frac{1}{2}(\frac{\omega_i}{u_*})^2} - 1}{\frac{1}{\sqrt{2\pi}(1-\varepsilon_{4,i})}\frac{u_*}{\omega_{0,i}}e^{-\frac{1}{2}(\frac{\omega_{0,i}}{u_*})^2} + 1}$$

4.1.3　合理性分析

1. 与其他公式比较

由上式可以看出,非均匀沙挟沙力与床沙组成、水流条件以及泥沙自身特性相关。基于同一物理概念(泥沙交换)的非均匀沙挟沙力研究还有张凌武公式[119]以及李义天公式[163]。其中张凌武公式对于泥沙沉降通量的计算,仅简单地表示为近河床底部含沙量与静水沉速度的乘积。根据上文分析,泥沙沉速除了受到泥沙颗粒本身特性的影响以外,还受到泥沙颗粒形状、边界条件、含沙浓度及水流紊动的影响,显然其计算公式过于简单。由于在上述因素影响下,泥沙有效沉速将有所减小,故其沉降通量计算值将有所偏大、挟沙力将偏小。李义天公式给出了分组挟沙力级配,但总挟沙力的计算还需要通过假定,根据挟沙力级配加权平均求出平均粒径后,再依据均匀沙挟沙力公式计算得到。为分析本书公式的合理性,将本书公式与上述两个公式分别就总挟沙力和挟沙力级配进行了比较。

(1)总挟沙力计算值比较。

根据张凌武研究,非均匀沙挟沙力可根据下式计算[119]

$$S_{b,i}^* = \Psi_* \rho_s P_{b,i}\left(1 - \phi\frac{\omega_i}{u_*}\right)\frac{D_i}{k_s}\frac{u_*}{\omega_i}$$

式中,Ψ_*为系数,需要根据经验关系拟合,$\Psi_* = \exp(0.72\ln Re_* - 6.6)$;$Re_*$为床面雷诺数,$Re_* = u_* k_s/v$;$k_s$为粗糙高度,$k_s = 11He^{\frac{\kappa u}{u_*}}$;$U$为断面平均流速,$H$为断面平均水深,$\kappa$为卡门常数。

图 4.1-2 给出了一定水流条件($U=2\text{m/s}, H=10\text{m}$)及河床级配条件下,两个公式计算

的河底总挟沙力比较情况。从该图上可以看出,本书公式较张凌武公式计算值偏大,符合上述定性分析。同时也可以看出,本书公式中挟沙力计算值随水流强度的增大而增大,符合水流输沙的一般规律,而张凌武公式中,挟沙力随水流强度先减小后增大,这与水流实际输沙规律不符。

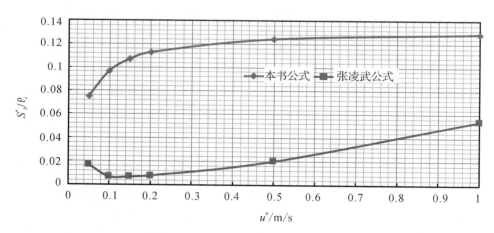

图 4.1-2　近底河床总挟沙力计算比较

(2)挟沙力级配计算值比较。

图 4.1-3 给出了 $u^* = 0.05\text{m/s}$ 时,本书公式与其他公式计算的非均匀沙挟沙力级配比较。从该图可以看出,本书公式与李义天公式计算值比较接近,而与张凌武公式的差别比较大。

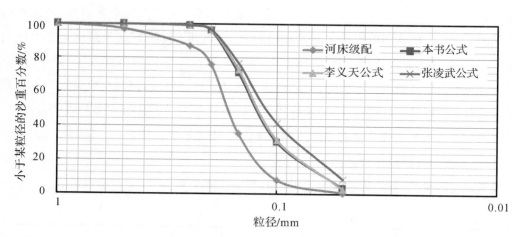

图 4.1-3　一定水流泥沙条件下分组挟沙力级配计算比较

2. 公式不足及改进

本书计算公式中,床沙起悬概率的计算与床面松动条件有关,不能简单地等同于悬浮概率。不同河流其河床组成、泥沙特性都有所不同,因此河床泥沙的松动条件也有显著差异,而对于相关问题的研究目前尚不充分。同时,上述公式是根据近底河床附近泥沙交换而得出的,模型中床面层厚度数量级与泥沙颗粒直径相当,需要引进含沙量沿垂线分布公式才能应用到垂线平均情况,而这本身就是泥沙运动的一个难点问题,目前尚不能给出非常满意的研究成果,选用不同的含沙量沿垂线分布公式得到的计算结果也有所不同。因此在实际应用中,根据本书公式计算的挟沙力绝对值与级配可能与河道实测值有所出入。

从本书公式与其他公式比较情况来看,本书公式在定性上是比较合理的,能够反映出水流输沙强度随水流强度的增大而增大的基本规律。为反映不同河流泥沙特性及床沙组成特性的影响,在实际应用中可通过引入经验参数对公式进行修正。从定性规律及公式的结构形式来看,一方面可对起悬概率进行修正,另一方面可对垂线平均含沙量与近底河床附近含沙量的相互关系进行修正,因此本书引入系数 K、M 对上述挟沙力公式进行修正如下:

$$S_i^* = \frac{2}{3} m_0 \rho_s P_{b,i} \left[\frac{ku_*}{6\omega_i} \left(1 - \mathrm{e}^{-\frac{6\omega_i}{ku_*}}\right) \right]^M \frac{K\varepsilon_{4,i}}{1 - (1-\varepsilon_{1,i})(1-K\varepsilon_{4,i}) + (1-\varepsilon_{0,i})(1-\varepsilon_{4,i})}$$

$$\times \frac{\dfrac{1}{\sqrt{2\pi}\varepsilon_{4,i}} \dfrac{u_*}{\omega_{0,i}} \mathrm{e}^{-\frac{1}{2}\left(\frac{\omega_i}{u_*}\right)^2} - 1}{\dfrac{1}{\sqrt{2\pi}(1-\varepsilon_{4,i})} \dfrac{u_*}{\omega_{0,i}} \mathrm{e}^{-\frac{1}{2}\left(\frac{\omega_{0,i}}{u_*}\right)^2} + 1}$$

修正后,不同 K、M 挟沙力大小及级配的影响如图 4.1-4 至图 4.1-7 所示。其中,系数 K 主要用于调整计算挟沙力的大小,对级配影响很小。系数 M 不仅影响挟沙力大小,还对挟沙力级配有一定的影响。因此,在实际应用中,可根据不同河道的实测资料,对系数 K、M 进行率定后使用。

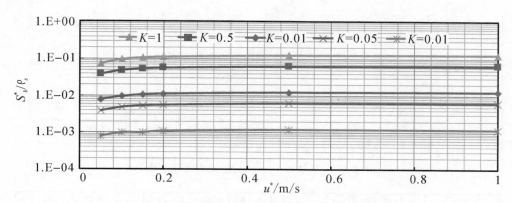

图 4.1-4　系数 K 对挟沙力大小的影响示意图

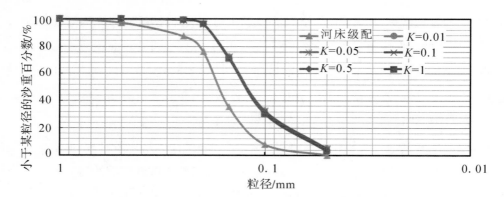

图 4.1-5　系数 K 对挟沙力级配的影响示意图

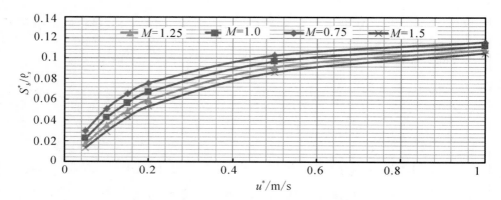

图 4.1-6　系数 M 对挟沙力大小的影响示意图

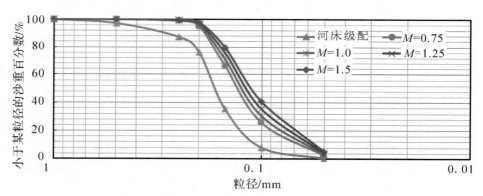

图 4.1-7　系数 M 对挟沙力级配的影响示意图

　　此外,由于河床组成为非均匀沙,就不同粒径组泥沙的相互作用而言,相关研究表明[171-177],相对于同样粒径大小的均匀沙,非均匀沙河床中较粗颗粒泥沙往往受到暴露作用而更加易于起动,较细颗粒泥沙则常常受到隐蔽作用而难于起动。从不同学者对于非均匀沙的起动研究成果来看,在一定河床组成条件下,不同粒径级泥沙都存在着某等效粒径,其中大于某特征粒径的泥沙其等效粒径要小于其真实粒径,而小于某特征粒径的泥沙其等效粒径则大于其真实粒径,这也是河床粗化现象中,卵石不需要覆盖完整的一层河床抗冲保护层即可形成现象的重要原因之一。因此,对于受到粗细颗粒间相互作用的非均匀沙河床,以等效粒径代替泥沙的真实粒径代入上述公式中可获得更高的精度。

4.2　泥沙恢复饱和系数

泥沙恢复饱和系数是泥沙数学模型中非常重要的参数,常见的一维不平衡输沙方程可写为:

$$\frac{\partial QS}{\partial x} = -\alpha \omega B(S - S^*)$$

式中,Q 为流量,S 为含沙量,ω 为泥沙沉速,S^* 为水流挟沙力,α 为系数。系数 α 反映了悬移质泥沙不平衡输沙时含沙量向挟沙力靠近的速度,因此常被称为泥沙恢复饱和系数。泥沙恢复饱和系数对沿程含沙量及河道冲淤量的计算有着非常重要的影响,因此,针对泥沙恢复饱和系数展开了相当多的研究。由于研究的思路与所依据的物理模型不同,泥沙恢复饱和系数计算值也有较大的差异,其代表性成果可分为以下几类:

第一类是从建立非平衡输沙方程出发,在引入方程边界条件时产生的,如窦国仁在相关研究中将其作为泥沙的沉降概率引入[178],计算值是小于 1 的;韩其为等人根据泥沙运动统计理论建立了不平衡输沙的边界条件,得出不平衡输沙条件下恢复饱和系数的表达式[179,180],计算值可大于 1,也可小于 1。第二类是在求解立面二维泥沙扩散方程时引入的。如张启舜在假定一定边界条件之后,推导了 α 的表达式[181],根据其表达式计算的值恒大于 1。还有研究在进行求解时,根据一定的假定,α 可表示为河床近底含沙量与垂线平均含沙量的比值[182],显然其数值也大于 1。还有部分研究认为,α 应进行沿断面进行横向积分以进行修正[183]。他们在简单条件下沿水深积分推导得到的恢复饱和系数公式基础上,进行断面横向积分以后,α 值有明显下降。其他还有一些基于实测资料分析、沙波运动等方法得到的恢复饱和系数研究成果[184-186]。

近期,韩其为等通过引入非饱和调整系数,给出了不同饱和条件下的泥沙恢复饱和系数的理论计算方法[187],其计算值可达 10^{-2} 的数量级,与黄河等数学模型所采用的经验值基本一致。但在此方法中,对于非饱和调整系数并未给出理论计算方法。本书在介绍其恢复饱和系数计算方法的基础上,通过理论推导,分析水沙条件对非饱和调整系数的影响因素,同时根据长江中游沙质河段实测资料对非饱和系数进行回归分析及率定,以期进一步改进基于泥沙运动统计理论的恢复饱和系数计算方法。

4.2.1　基于泥沙运动统计理论的恢复饱和系数计算方法

韩其为等根据泥沙交换的统计理论[188,189],基于二维不平衡输沙的边界条件,推导的不平衡输沙方程形式为[190]：

$$\frac{\partial QS}{\partial x} = -B\omega(\alpha S - \alpha^* S^*)$$

式中，α^* 为平衡输沙时的恢复饱和系数，α 为非平衡输沙时的恢复饱和系数，其表达式分别为：

$$\alpha = (1-\varepsilon_0)(1-\varepsilon_4)\frac{L_0}{L_4}\frac{L_0}{L_4} \quad \alpha^* = (1-\varepsilon_0)(1-\varepsilon_4)\frac{L_0}{L_4^*}$$

式中，ε_0 为泥沙的不止动概率，$(1-\varepsilon_0)$ 为泥沙的止动概率，计算公式为：

$$\varepsilon_0 = \frac{1}{\sqrt{2\pi}}\int_{\frac{V_{k,0}}{2.1u_*}-2.7}^{\infty} e^{-\frac{t^2}{2}} dt$$

其中，u_* 为摩阻流速，$V_{k,0}$ 为止动流速，计算公式为：

$$V_{k,0} = 0.916\sqrt{\frac{4}{3C_x}\frac{\rho_s - \rho}{\rho}gD}$$

式中，C_x 为正面推力系数，一般取为 0.4。

此外，ε_4 为悬浮概率，计算公式为：

$$\varepsilon_4 = \frac{1}{2\pi}\int_{\frac{\omega}{1.05u_*}}^{\infty} e^{-\frac{t^2}{2}} dt$$

式中，泥沙沉速 ω 采用《河流泥沙颗粒分析规程》(SL 42—1992)中的规范公式进行计算。L_0 为悬移质在层流中的落距：

$$L_0 = \frac{q}{\omega}$$

L_4 为悬移质运动的单步距离，即泥沙颗粒上升和下降的纵向距离之和，计算公式为：

$$L_4 = q(h_s)\left(\frac{1}{U_{y,u}} + \frac{1}{U_{y,d}}\right)$$

式中，$U_{y,u}$ 和 $U_{y,d}$ 为泥沙颗粒上升和下降的平均速度，计算公式分别为：

$$U_{y,u} = \frac{u_*}{\sqrt{2\pi\varepsilon_4}}e^{-\frac{1}{2}\left(\frac{\omega}{u_*}\right)} - \omega$$

$$U_{y,d} = \frac{u_*}{\sqrt{2\pi}(1-\varepsilon_4)}e^{-\frac{1}{2}\left(\frac{\omega}{u_*}\right)^2} + \omega$$

$q(h_s)$ 为自河底至悬移质平均悬浮高 h_s 的单宽流量：

$$q(h_s) = \int_0^{h_s} U_y dy$$

根据卡曼—普朗特对数流速分布公式：

$$U_\eta = U + \frac{u_*}{\kappa}(1 + \ln\eta)$$

式中，U 为断面平均流速，κ 为卡门常数，η 为相对水深，则自河底至悬移质平均悬浮高 h_s 的单宽流量为：

$$q(h_s) = H \int_0^{\eta_s} U_\eta \mathrm{d}\eta = H \int_0^{\eta_s} \left(U + \frac{u_*}{\kappa}(1 + \mathrm{ln}\eta) \right) \mathrm{d}\eta = HU\eta_s + \frac{u_*}{\kappa}\eta_s \mathrm{ln}\eta_s = HU \left(\eta_s + \frac{u_*}{\kappa U}\eta_s \mathrm{ln}\eta_s \right)$$

因此，断面单宽流量 q＝HU 与自河底至悬移质平均悬浮高 h_s 的单宽流量的关系为：

$$q(h_s) = q \left(\eta_s + \frac{u_*}{\kappa U}\eta_s \mathrm{ln}\eta_s \right) = q f(\eta_s)$$

根据泥沙运动统计理论[162]，上式中，悬移质平均悬浮高 hs 由含沙量垂线分布决定，计算公式为：

$$h_s = \int_0^H \frac{2y}{H} \frac{S_y}{S} \mathrm{d}y$$

式中，S_y 为垂线上任意一点的含沙量，S 为垂线平均含沙量，分别取平衡输沙和不平衡输沙时的含沙量分布公式，便可计算出相应的悬浮高，从而可计算出相应冲淤平衡时与冲淤不平衡时的恢复饱和系数。上述方法中，恢复饱和系数计算的关键是确定不同水流和泥沙条件下的含沙量沿垂线分布公式。

4.2.2　非平衡输沙状态下含沙量沿垂线分布公式

1. 平衡输沙状态含沙量垂线分布公式

目前，针对含沙量垂线分布公式的研究成果基本都是在平衡输沙状态条件下得到。根据研究的基本观点的不同，平衡条件下含沙量沿垂线分布理论主要分为扩散理论、重力理论（也称为能量理论）、混合理论[191-194]、相似理论[195,196]、随机理论[197,198]、湍流猝发理论[199]等。莱恩及卡林斯基根据天然河道资料指出，就实用观点来说，根据扩散理论求出的含沙量沿垂线分布公式已经具有足够的可靠性[200]。扩散理论认为，泥沙垂线分布形态的形成是水流的紊动扩散和泥沙的重力相互作用的结果，基于扩散理论的二维恒定均匀流平衡条件下的泥沙扩散方程为[199]：

$$\omega S + \varepsilon_s \frac{\partial S}{\partial y} = 0$$

式中，ε_s 为悬移质泥沙的扩散系数，不同学者通过选取不同的扩散系数表达式，建立了不同形式的含沙量沿垂线公式，如 Rouse 公式[201]、Lane-Kalinske[202]、Laursen-Lin 公式[203]、Vanoni 公式[204]、Hunt 公式[205]、Itakura 公式[206]、张瑞谨公式[207]、陈永宽公式[208]、张小峰公式[209]、刘建军公式[210]、王志良公式[211]等等。

根据莱恩及卡琳斯基被建议，垂线平均的 ε_s 可取为：

$$\varepsilon_s = \frac{\kappa u_* H}{6}$$

将 ε_s 代入扩散方程后求解可得：

$$S = S_a \mathrm{e}^{-\frac{6\omega}{\kappa u_*}\frac{y-a}{H}}$$

上式即为著名的含沙量沿垂线分布的指数分布公式。将上式沿垂线进行积分后可得垂线上任意一点含沙量与垂线平均含沙量的关系为：

$$\frac{S}{\overline{S}} = \frac{6\omega}{\kappa u_*}\frac{1}{1-\mathrm{e}^{-\frac{6\omega}{\kappa u_*}}}\mathrm{e}^{-\frac{6\omega}{\kappa u_*}\frac{y-a}{H}}$$

式中，反映含沙量沿垂线分布均匀程度的指标为 $Z = \omega/\kappa u_*$，通常被称为悬浮指标。悬浮指标越大，则含沙量沿垂线分布越不均匀。事实上，在平衡输沙条件下，实测原型资料和水槽资料表明，实测浓度分布较采用上述悬浮指标得到的浓度分布更加均匀，亦即 $Z_{实测}$ 较 $Z_{理论}$ 要小[212]，用公式表示即为：

$$Z = \frac{\omega}{\beta\kappa u_*}$$

式中，β 为比例系数。Rijn[213] 根据 Coleman[214] 的试验资料，在 $0.1 < \omega/u_* < 1$ 的情况下，得到了 β 的表达式为：

$$\beta = 1 + 2\left(\frac{\omega}{u_*}\right)^2$$

他认为 β 应满足 $1 < \beta < 2$。王兆印和钱宁[215] 根据管道悬浮颗粒实验资料认为可取 $\beta = 1 \sim 1.5$，Ikeda[216] 得到了动床时 $\beta = 2.4$，定床时 $\beta = 1.3 \sim 1.8$。此外，钱宁也曾点绘了这两者之间的关系，并通过推导扩散理论的第二近似解得到了两者之间的理论关系式[139]：

$$Z = \frac{\omega}{\beta\kappa u_*} \qquad \beta = \mathrm{e}^{-\left(\frac{L\omega}{\kappa u_*}\right)/\pi} + \frac{L\omega}{\kappa u_*}\frac{2}{\sqrt{2\pi}}\int_0^{\frac{L\omega}{\kappa u_*}\sqrt{2/\pi}}\mathrm{e}^{-x^2/2}\mathrm{d}x$$

式中，$L = \ln(1+\beta\kappa)$，β 为比例系数，根据上式的计算结果表明，$Z_{实测} < Z_{理论}$。上述各家计算值及建议取值范围如图 4.2-1 所示。此外，谢鉴衡等[217] 和 Montes[218] 等对这一关系也进行了研究，他们认为两者互有大小。

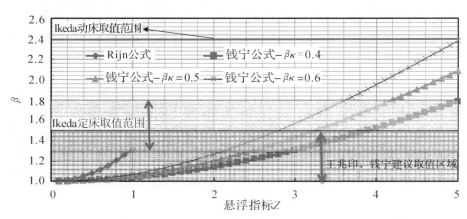

图 4.2-1 悬浮指标修正因子取值

2.非平衡输沙状态含沙量垂线分布现象

在非平衡输沙条件下,随着含沙量的沿程变化,其垂线分布形态也有所变化。图 4.2-2 所示分别为在淤积与冲刷条件下含沙量沿程变化的试验结果。从该图可以看出,对于淤积情况,随着含沙量的沿程减小,其垂线分布越来越不均匀,而在冲刷条件下,则随着含沙量的沿程增大,含沙量沿垂线分布则向着更加均匀化的方向发展。综合而言,无论是冲刷情况还是淤积情况,其统一变化规律为:含沙量越大,其垂线分布就越均匀。将试验结果表示为垂线任意点含沙量与垂线平均含沙量比值的沿程变化后,这一规律则表现得更为明显,如图 4.2-3 所示。

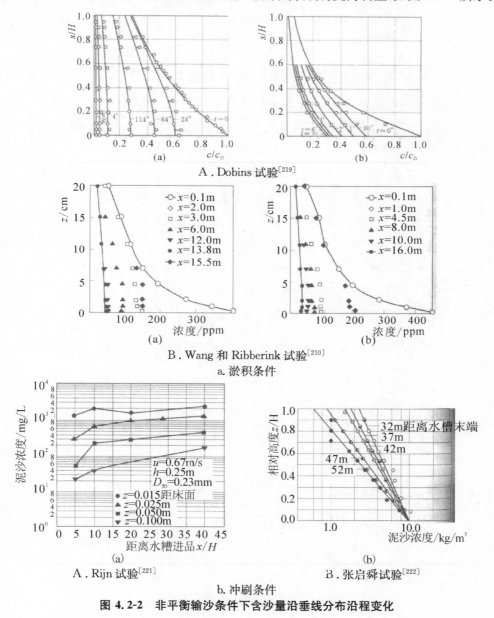

图 4.2-2　非平衡输沙条件下含沙量沿垂线分布沿程变化

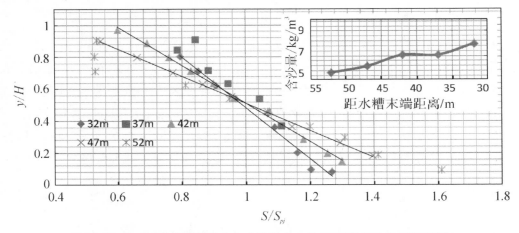

图 4.2-3 相对含沙量垂线分布与含沙量大小关系图（张启舜试验资料[222]）

从含沙量的分布形态来看,非平衡输沙条件下含沙量的沿垂线分布仍可近似用指数公式来表示。图 4.2-4 所示为根据三峡水库蓄水以后荆江沙质河段的实测资料绘制的含沙量沿垂线分布图。从该图可以看出,其分布形态采用指数分布公式进行拟合以后,相关系数一般都在 0.9 以上,由此说明含沙量沿垂线分布的指数分布形式在非平衡输沙条件下仍然具有较好的适应性。该图中同时给出了相同水流条件、平衡输沙状态下的指数分布,其中悬浮指标采用 Rijn 公式进行修正,从该图可以看出,非平衡输沙条件下实测含沙量沿垂线分布相对于平衡条件下的理论分布更加均匀。结合实际情况,三峡水库蓄水后,本河段水流处于严重的次饱和状态,根据上述研究成果,按照上述理论公式计算的平衡状态含沙量分布应比实测值更加均匀,而实际情况却恰恰相反。这种情况表明,平衡输沙状态下含沙量分布较上述理论计算值应更加均匀,悬浮指标的修正值应更大。

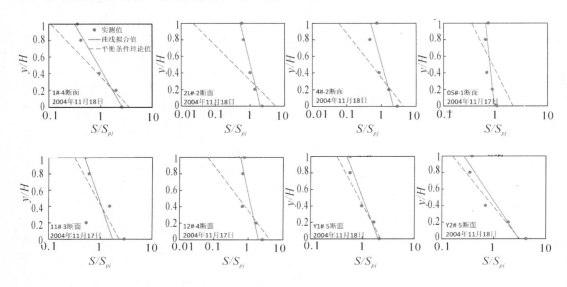

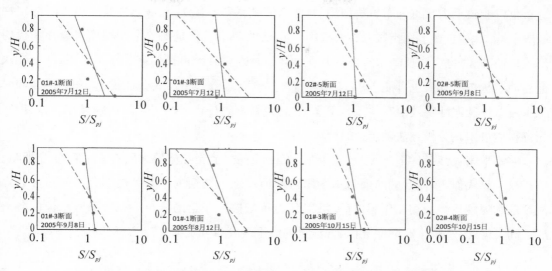

图 4.2-4　三峡水库下游沙市河段 2004—2005 年实测相对含沙量沿垂线分布

综合上述试验资料以及天然情况下的实测资料曲线拟合的成果,可以认为:

(1)非平衡输沙条件下,含沙量的沿垂线分布受到含沙量大小的影响,含沙量越大,其垂线分布越均匀。

(2)当前依据扩散理论得到的平衡条件下含沙量指数分布不均匀程度偏大。

(3)非平衡输沙条件下含沙量沿垂线分布仍可近似采用指数分布公式计算,但指数部分需要根据水流条件和泥沙条件进行修正。

3. 非平衡输沙状态含沙量沿垂线分布公式推导

韩其为在求解非平衡输沙状态下含沙量沿垂线分布公式时,通过引入非饱和调整系数,将泥沙扩散方程改写为[187]:

$$c\omega S + \varepsilon_s \frac{\partial S}{\partial y} = 0$$

式中,c 为非饱和系数,$c = 1 - f(S/S^*)$,次饱和冲刷时,含沙量梯度增大,$c > 1$;超饱和淤积时,含沙量梯度减小,$c < 1$;饱和时 $c = 1$,系数 c 可以近似反映含沙量非饱和程度对含沙量沿垂线分布的调整变化。韩其为虽然通过引入非饱和调整系数 c 以反映水流不饱和程度对含沙量沿垂线分布的影响,但对于 c 并未给出明确的计算公式。

引入调整系数后,经过与上文同样的推导,即可得到相对含沙量的沿垂线分布公式为:

$$\frac{S}{S_a} = e^{-\frac{6c\omega}{\kappa u_*}\frac{y-a}{H}} \qquad \frac{S}{\bar{S}} = \frac{6c\omega}{\kappa u_*} \frac{1}{1 - e^{-\frac{6c\omega}{\kappa u_*}}} e^{-\frac{6c\omega}{\kappa u_*}\frac{y-a}{H}}$$

从上式可以看出,其引入的调整系数 c 在指数分布公式中最终反映了泥沙饱和程度对悬浮指标的修正。根据上文实测资料的分析结果可知,即使处于次饱和冲刷状态下,含沙量分布也可能较平衡状态分布也更加均匀,亦即调整系数 c 仍小于 1,与韩其为引入时的定性取值不符。因此,在上述指数分布公式中,c 反映的应不仅仅是泥沙饱和程度对悬浮指标的修正作用,同时也应该反映水流条件及泥沙颗粒特性对悬浮指标的综合修正作用,即使在次饱和冲刷状态下其值也可能小于 1。综合而言,调整系数 c 不仅受含沙量大小的影响,同时与水流条件及泥沙特性也有关系。下文通过分析,首先分析 c 的主要影响因素,然后根据实测资料通过回归分析方法确定 c 的计算公式。

在不平衡输沙条件下,对于水流中某一垂线而言,水流各流层之间存在着泥沙净通量。对于整个垂线而言,泥沙的净通量即为水流与河床之间交换的沙量。这部分净通量经过水流紊动和泥沙重力的相互作用以后,可以认为重新按照一定的分布形态分布于水流的各流层之间。因此,在较小时间间隔内,含沙量的沿垂线分布分别为:

$$S_t = \overline{S}_t \frac{6c\omega}{\kappa u_*} \frac{1}{1-\mathrm{e}^{-\frac{6c\omega}{\kappa u_*}}} \mathrm{e}^{-\frac{6c\omega}{\kappa u_*}\frac{y-a}{H}} \qquad S_{t+\Delta t}\ \overline{S}_{t+\Delta t} = \frac{6c\omega}{\kappa u_*} \frac{1}{1-\mathrm{e}^{-\frac{6c\omega}{\kappa u_*}}} \mathrm{e}^{-\frac{6c\omega}{\kappa u_*}\frac{y-a}{H}}$$

两式相减后可得:

$$\frac{\Delta S}{\Delta \overline{S}} = \frac{6c\omega}{\kappa u_*} \frac{1}{1-\mathrm{e}^{-\frac{6c\omega}{\kappa u_*}}} \mathrm{e}^{-\frac{6c\omega}{\kappa u_*}\frac{y-a}{H}}$$

从上式可以看出,任意流层含沙量的变化值与整个垂线的平均含沙量变化值之比仍符合指数分布公式,亦即经过水流紊动和泥沙重力的相互作用以后,水流与河床之间的交换通量在垂线上的分布仍符合指数分布,任意流层的泥沙净通量即可根据垂线平均的净通量得到。因此,不平衡输沙条件下水流任一流层的泥沙二维扩散方程可表示为:

$$\omega S + \varepsilon_s \frac{\partial S}{\partial y} = \emptyset \frac{6c\omega}{\kappa u_*} \frac{1}{1-\mathrm{e}^{-\frac{6c\omega}{\kappa u_*}}} \mathrm{e}^{-\frac{6c\omega}{\kappa u_*}\frac{y-a}{H}}$$

式中,$\emptyset$ 表征水流与河床间的泥沙净通量。上式与添加非饱和调整系数后的扩散方程相比即可得:

$$\omega s(1-c) = \emptyset \frac{6c\omega}{\kappa u_*} \frac{1}{1-\mathrm{e}^{-\frac{6c\omega}{\kappa u_*}}} \mathrm{e}^{-\frac{6c\omega}{\kappa u_*}\frac{y-a}{H}}$$

上式沿水深进行积分后可得:

$$\omega \overline{S}(1-c) = \emptyset$$

式中,水流与河床间的泥沙净通量 $\emptyset$ 决定于河床表面的上扬通量与沉降通量,其中,沉降通量决定于泥沙沉速及近底河床含沙量,即:

$$D \sim f(\omega S_a) \sim f_1\left(\omega \overline{S} \frac{6c\omega}{\kappa u_*} \frac{1}{1-\mathrm{e}^{-\frac{6c\omega}{\kappa u_*}}}\right)$$

上扬通量则取决于近底摩阻流速以及临界起动摩阻流速。根据曹志先基于湍流猝发的

上扬通量研究,上扬通量可表示为[170]:

$$\frac{E}{\rho_s \sqrt{sgd}} = \rho \cdot \frac{D^{1.5}}{f(Rep)} \cdot F^2, p = \frac{\lambda C_0 \sqrt{sg}}{\upsilon T_B^+}, F = \frac{u_*^2}{sgd}$$

式中,$\lambda \approx 0.02$,为单位面积内平均的湍流猝发面积,$C_0 \approx 0.4$,为床沙静密实系数,$s = \rho_s/\rho - 1 \approx 1.65$,$g \approx 9.8$ 为重力加速度,$T_B^+ \approx 100$,表示无量纲化猝发周期,$\upsilon \approx 0.0000012$,为水的运动黏性系数,$Rep = u_* d/\upsilon$,为沙粒雷诺数,$f(Rep) = 0.5(0.22\varnothing^{-0.6} + 0.06 \cdot 10^{-7.7\varnothing^{-0.6}})$,为临界希尔兹数,其中 $\varnothing = d\sqrt{gsd}/\upsilon$,计算方法如文献[223,224]。将上扬通量与沉降通量代入上式,上式两边同除以 $\omega\overline{S}$ 并进行无量纲化处理后可得:

$$1 - c = f_1\left[\frac{6\alpha\omega}{\kappa u_*} \frac{1}{1 - e^{-\frac{6\alpha\omega}{\kappa u_*}}}\right] + f_2\left(\frac{\lambda C_0}{s T_B^+} \frac{u_*^3}{g\upsilon} \frac{1}{S_v} \frac{u_*}{\omega} \frac{1}{f(Rep)}\right)$$

图 4.2-5 所示即为根据三峡水库蓄水后长江中游荆江沙质河段实测数据绘制的 $1-c$ 与 Ψ_1、Ψ_2 的关系曲线,其中:

$$\Psi_1 = \frac{6\alpha\omega}{\kappa u_*} \frac{1}{1 - e^{-\frac{6\alpha\omega}{ku_*}}} \qquad \Psi_2 = \frac{\lambda C_0}{s T_B^+} \frac{u_*^3}{g\upsilon} \frac{1}{S_v} \frac{u_*}{\omega} \frac{1}{f(Rep)}$$

从图 4.2-5 可以看出,$1-c$ 与两者均具有一定的相关关系。综合两者的影响,运用回归分析得到的回归方程如下,其中计算值与实测值的对比如图 4.2-6 所示。

$$1 - c = 1.271 - 0.598\ln\Psi_1 - 0.037\ln\Psi_2$$

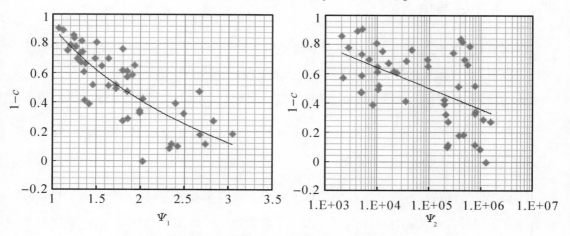

图 4.2-5 调整系数 c 的与其影响因子关系图

式中,方程的左边和方程右边的 Ψ_1 中均含有未知数 c,在水流、泥沙条件已知的情况下,需要通过数值方法进行求解。求解出 c 后,即可确定出含沙量的沿垂线分布公式,进而可计算出基于泥沙运动统计理论的恢复饱和系数。

在计算过程中,含沙量本身即为未知数,因此上述计算过程实际上应为一个迭代计算的过程。对于非恒定水沙数学模型而言,在计算时间步长不是很大的情况下,可以用上一时刻的含沙量值进行当前时刻的恢复饱和系数计算,不需要进行迭代计算。

同时值得指出的是,上述回归分析所引用的实测资料中,含沙量绝对值的变化范围有限,而天然情况下不同河流的含沙量水平差异可能非常明显,因此若采用上述方法计算调整系数,则应根据不同河流的实测资料重新进行回归分析与参数率定。

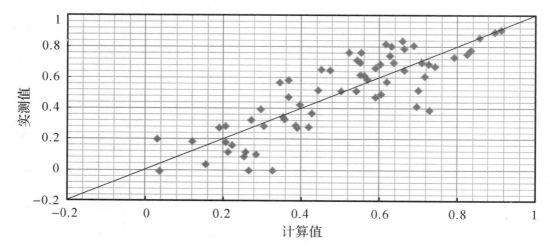

图 4.2-6 调整系数 1−c 回归计算结果与实测结果对比

4.3 混合层厚度

所谓混合层厚度是在非均匀沙数学模型中引入的一个物理量,其含义为:在河床的冲淤变化过程中,参与河床冲淤变形的那一层床沙的厚度。在这一厚度范围内,所有的泥沙均受到水流的作用,不同程度地发生运动。同时,这一层中的泥沙不断地混合,床沙级配将不断地进行调整[225]。

4.3.1 混合层厚度的重要意义

混合层厚度的确定在非均匀沙数学模型中具有极其重要的意义,直接决定了数学模型计算结果的可靠性和准确性。特别是在水库下游的冲刷计算中,混合层厚度不仅决定着河道冲刷量的大小,还影响着河道的冲刷速度与冲刷趋势。

首先,从非均匀沙的起动条件来看,非均匀沙起动不仅取决于水流条件和泥沙颗粒自身的物理特性,同时受制于床沙组成。不同床沙组成条件下,不仅床面附近阻力特性的不同将导致床面流速及床面剪切力的不同,而且近底水流结构的不同也将导致粗细颗粒之间的隐蔽与暴露作用不同,从而影响非均匀沙的起动条件。因此,混合层的级配将在很大程度上影响非均匀沙的起动情况,从而决定不同粒径组泥沙的受冲刷强度。其次,混合层的厚度直接决定了计算时段内参与冲刷交换的泥沙数量,从而制约了单位时间内的最大冲刷量,进而影响到整个计算时段内的冲刷速度。再次,由于混合层的厚度决定了参与冲淤交换的泥沙数量,在冲刷量或淤积量一定的情况下,混合层厚度的大小将直接影响混合层厚度范围内床沙级配的调整情况,从而进一步影响泥沙的起动与冲刷强度。最后,混合层厚度的大小还决定着河床的极限冲刷量的大小。这是因为,当混合层厚度范围内的泥沙均无法起动时或者全部为推移质时,河床冲刷将终止或进入以推移质运动为主的调整阶段。此时,混合层厚度的大小决定了无法起动的泥沙的数量,在一定初始床沙级配条件下,这一数量还决定了河道最终的冲刷量。

综合以上分析可见,混合层厚度在非均匀沙数学模型中有着举足轻重的地位,合理地确定混合层厚度对于准确模拟河床冲淤具有极其重要的意义。

4.3.2　混合层厚度的一般计算方法

从理论上严格定义混合层厚度和公式化目前还存在很多困难,主要是因为不受水流扰动的原始河床与床面混合层难以给出一个明确的界限[225]。目前,混合层厚度的确定主要有以下几类方法:

1. 经验确定法

经验确定法主要是根据实际计算过程的冲刷厚度,根据经验进行取值,如韩其为认为,床沙活动层的厚度应比实际冲刷厚度多 1m[226],钱宁等在黄河下游的河床粗化研究中认为,河床的可动层厚度为 2.5～3.5m[227]。经验取值强烈地依赖于河床冲刷厚度,而模型中河床冲刷厚度本身即与混合层厚度有着密切的关系,显然前者不能作为决定后者取值的依据。目前,许多模型都是在计算中根据经验,结合具体情况取一活动层厚度。这些做法均具有一定的任意性,这也是目前很多数学模型不能较好地模拟河床冲刷问题的主要原因之一[228]。

2. 沙波运动概化法

沙波在运动过程中,迎水面水流顶冲点以上的泥沙不断地被水流冲起,经过水流的拣选作用后,可悬浮泥沙直接进入水体中作为悬浮泥沙随水流一起运动,而不可悬浮泥沙则落入沙波的背水面,作为推移质随沙波一起运动。因此,沙波运动中床沙交换造成的这种垂直分选现象,可以作为混合层概念的一个典型实例,众多学者都从沙波运动角度出发以确定混合层厚度的大小。Karim 和 Kennedy 在分析沙波运动规律之后,建议混合层厚度取波高的一半[229],即:

$$E_m = \frac{1}{2}H_s$$

式中,H_s 为沙波的波高。显然,这一确定方法没有考虑非恒定泥沙数学模型中时间步长的影响。实际上，计算时间步长不同，河床中参与交换的泥沙数量也应该有所不同，简单地假定混合层厚度等于某一定值是不合理的。赵连军等人也从沙波运动入手，将混合层分为两部分：一部分为直接交换层，一部分为床沙调整层。其中，直接交换层的计算方法为[230]：

$$E_m = 0.5H_s \cdot C \cdot \Delta t/L + \Delta z$$

式中，C 为沙波运动的速度，L 为沙波波长，Δt 为计算时段，Δz 为冲刷厚度。从上式可以看出，直接交换层的厚度仍与计算时段内的冲刷厚度有关。王士强等根据对沙波运动中床沙交换模式的分析，认为 Δt 时段内的床沙活动交换层厚度大体应为此时段内沙波高度变幅，其计算公式为[231]：

$$E_m = \Delta t \cdot V_{s,y} \qquad V_{s,y} = H_s/T \qquad T = L/T$$

式中，$V_{s,y}$ 为沙波垂向下降速度。其中，沙波垂向下降速度的计算忽略了沙波背水坡的长度。对于沙纹而言，迎水面与背水面水平长度的比值一般为 2~4[139]。对于沙垄而言，实验表明，自波峰至下一个沙波的水流重汇点的距离与沙波波长的比值为水流弗汝德数 Fr 的函数，随着弗汝德数的增大而迅速减小，当 $Fr>0.2$ 以后，s/L 接近一个定常值 0.32[232]。因此，忽略背水坡长度对某一范围内的计算步长可能产生较大的误差。当 Δt 超过沙波运动周期以后，王士强等取混合层厚度等于沙波高度。实际上，当计算步长超过沙波运动周期以后，不仅计算时段某一沙波高度范围内的泥沙全部参与了床沙交换，而且在超出沙波运动周期以后新形成的沙波部分高度范围的泥沙也参与了交换，混合层厚度应大于沙波波高。试举一个较极端的例子，当计算时段无限长时，河床受扰动的厚度应为河床冲刷厚度与形成的冲刷保护层厚度之和，显然与沙波波高不是同一个概念。因此，当计算时间步长超出沙波运动周期之后，简单地假定混合层厚度与沙波波高相等是不合适的。

3. 保护层概化方法

保护层概化法是根据混合层的物理意义，认为混合层的下界面即为不受水流波及的床面高程，从形成保护层的角度出发间接得出混合层的厚度。如 Broah 建议以下式计算混合层的厚度[233]：

$$E_m = \frac{1}{\sum_{i=L}^{K} P_{b,i}} \frac{D_L}{1-P_s}$$

式中，D_L 为床面不动颗粒的最小粒径，L 为相应的粒径组序号，P_s 为孔隙率。这里的混合层厚度实际上是形成保护层所必需的下切深度。显然，这一厚度与计算过程中某计算时段内参与床沙调整的混合层厚度不是同一概念。此外，也有文献认为可利用挟沙力为零时的平衡水深作为活动层与非活动层之间的界线。平衡水深的求法为根据曼宁公式、Strickler

阻力公式和 Einstein 公式出发进行推导,最后得到的混合层厚度表达式为[234,235]:

$$E_m = \left[\frac{q}{6.87D^{1/3}}\right]^{7/6} - H$$

式中,D 为粗化粒径,q 为单宽流量,H 为水深。从上式的物理意义可以看出,根据上式计算的混合层厚度实际是河床冲刷发展至极限的整个过程中参与冲淤交换的床沙厚度,显然与某一时间步长内的混合层厚度不是同一概念。李义天等[228]在给定床沙组成和水力条件下,分析了不同输沙条件及冲刷时间或冲刷厚度条件下混合活动层下界面的确定问题。其中,冲刷时间足够长情况下的下界面的确定为有限时间步长的冲刷计算提供一些极限条件,该下界面实际上是床沙形成抗冲保护层时的下界面。而冲刷时间有限情况下的下界面的确定则是根据相应的冲刷厚度和河床初始级配确定,计算式为:

$$E_m = \max\left(\frac{\Delta Z_i}{P_{b,i}}\right)$$

式中,ΔZ_i 为第 i 粒径组泥沙的冲刷量,$P_{b,i}$ 为相应粒径组在初始床沙中的含量。显然,上式在计算混合层厚度时强烈地依赖于计算时段内的冲刷厚度,而模型中计算的冲刷厚度实际在一定程度上是受制于混合层厚度的。

4.3.3 基于沙波运动的混合层厚度计算方法

沙波作为河流的一种重要的河床形态,由于其在运动过程中,伴随着不断的床沙交换现象,其运动形式可以作为混合层计算的一个物理背景。下文从沙波运动的物理背景出发,推导混合层厚度的计算方法。

沙波一般可概化为图 4.3-1.a 所示形态。该图中两个沙波波峰 A、D 之间的距离为波长 L,B 至 D 点的垂直距离为沙波波高 H_s。对于沙波而言,床沙交换既发生在迎水坡,又发生在背水坡,因此混合层厚度应指一个波长范围内的平均值。假定计算时段长度小于沙波运动周期,且在计算时段内,相邻两个沙波的形状不发生变化,则根据沙波的形态,可将沙波运动进行概化,如图 4.3-1.b 所示。

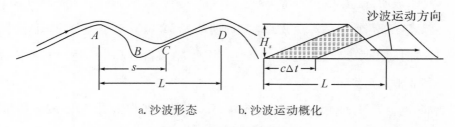

a.沙波形态　　b.沙波运动概化

图 4.3-1　沙波形态示意图

根据上述概化图形,在 Δt 时段内,一个沙波波长范围内参与泥沙交换的面积如图 4.3-1.b 所示的阴影部分,其面积可表示为:

$$A = \frac{1}{2}LH_s - \frac{1}{2}\frac{(L-C\Delta t)^2}{L}H_s$$

式中,C 为沙波运动速度。因此,波长范围内的平均交换厚度,即平均混合层厚度可表示为:

$$E_m = \frac{A}{L} = \frac{1}{2}H_s\left[1-\left(\frac{L-C\Delta t}{L}\right)^2\right] = \frac{1}{2}H_s\left[1-\left(1-\frac{\Delta t}{T}\right)^2\right]$$

式中,T 为沙波运动周期,$T=L/C$。当计算时间步长 Δt 大于沙波运动周期时,从上述概化图形中可以看出,对于某一固定波长范围内的沙波运动来说,假定计算时段范围内沙波形态保持不变,其参与交换的床沙厚度应为计算时段范围内厚度的累加值。此时,混合层厚度可表示为:

$$E_m = \frac{1}{2}nH_s + \frac{1}{2}H_s\left[1-\left(1-\frac{\Delta t-nT}{T}\right)^2\right]$$

式中,n 为计算时段范围内包含的完整的沙波运动周期数。从上式可以看出,当时间步长恰好等于沙波周期时,混合层厚度为半波高,与早期部分研究的简单假定一样,而王士强公式则为一个波高,这是由于其采用的是某一点的沙波垂向运动速度,而不是波长范围内的平均值。当计算时间步长小于沙波运动周期时,混合层厚度小于半波高,与计算步长大小有关。

根据 Rijn 通过大量的实测资料分析给出的沙波尺度与水流泥沙条件的关系[236],沙波波长约为水深的 7.3 倍。根据张柏年等整理的长江实测资料,沙波运动速度与水流泥沙条件的关系式可表示为[237]:

$$\frac{C}{U} = 0.012\frac{U^2}{gH} - 0.043\frac{gD}{U^2} - 0.000091$$

式中,U 为水流流速,H 为水深,D 为床沙粒径。长江中游荆江沙质河床 2002 年实测地形资料计算结果表明,流量为 $40000\mathrm{m}^3/\mathrm{s}$ 时,平均水深约为 $12.5\mathrm{m}$,平均流速约为 $1.7\mathrm{m/s}$,以床沙粒径 $0.125\mathrm{mm}$ 计,可估算沙波的运动周期约为 $84.5\mathrm{h}$。对于一般的非恒定泥沙数学模型而言,计算时间步长一般远小于这一数值。因此,在实际计算中考虑时间步长对混合层厚度的影响是非常有必要的。

上式表明,混合层厚度的大小与沙波波高 H_s、计算时间步长 Δt 和沙波运动周期 T 有关。在计算时间步长一定的条件下,沙波波高越大、沙波运动周期 T 越小,则混合层厚度也就越大。一般情况下,冲积河流的沙波随着水流强度的增加,一般要经历平整→沙纹→沙垄→过渡状态→平整→沙浪→碎浪→急滩与深潭几个阶段[139]。这一过程中,在沙垄阶段以前,H_s 和 $\Delta t/T$ 都是随水流强度增加而增加的,混合层厚度也随水流强度的增加而增加。沙垄阶段以后,H_s 则随水流强度增加而减小至动平床,最后发展为沙浪。虽然在上述过程中 $\Delta t/T$ 仍随水流强度增加而增加,两者作用下混合层厚度仍可能在一定范围内仍保持增加的趋势,但随着 H_s 的进一步减小直至变为零,按照上式计算的混合层厚度将随水流强度的增加而减小直至为零。然而,天然河道的实测资料表明,一般流量越大,水流的冲刷能力也就越大,相应的单位时间内参与冲淤交换的床沙厚度也应该越大。显然在根据上式计算混合层厚度时是有一定适应范围的。相关研究表明,沙垄过渡到沙浪阶段一般发生在高速流区。其中,Grade 和 Albertson 提出的沙垄→平整→沙浪区的床面形态判别准则[238]中,由沙垄继续发展为平整河床的临界水流弗汝德数为 0.6～0.8。根据张柏英的野外沙波波形资料及室内水槽试验资料绘制的相对起动流速与相对波高的关系[239](图 4.3-2),这一转折约发生在相对起动流速为 3.2 时。对于天然冲积河流而言,水流弗汝德数和相对起动流速一般都在沙垄范围以内,图 4.3-3 所示为根据 2002 年长江中游荆江沙质河段地形资料和相应的水流过程,计算的不同流量级下河段的平均相对起动流速与平均弗汝德数。从该图可以看出,水流强度范围基本处于沙垄阶段以前。因此,上述混合层厚度计算方法具有广泛的适用范围。图 4.3-4 所示为依据上述公式计算的长江荆江河段在 2002 年流量过程下混合层厚度的变化情况,其中时间步长取为 4 小时。

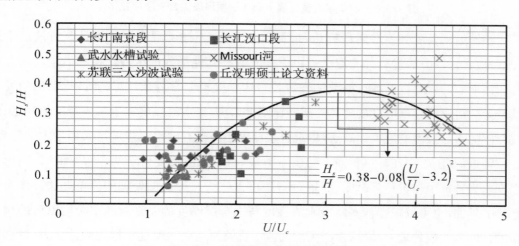

图 4.3-2　相对流速与相对波高关系

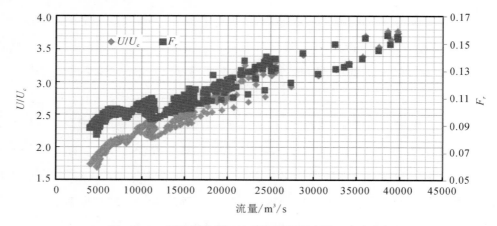

图 4.3-3　长江中游荆江沙质河段不同流量下水流参数

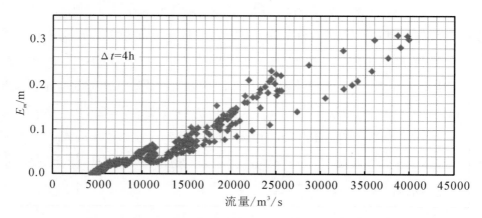

图 4.3-4　2002 年流量过程下荆江沙质河段混合层厚度变化

当沙波运动发展到沙垄阶段以后,根据以上分析,上述的混合层厚度计算方法已不适用,此时应对计算方法进行补充定义。由于此时各种其他形式的床沙交换和沿横断面上流速和床面形态的变化以及逆行沙波的发育使得床沙交换非常复杂,单从沙波运动的角度出发已经无法得出混合层厚度的计算公式。原则上来讲,当水流强度大于某一特定值后,虽然沙波高度随水流强度的增大而减小,但混合层厚度仍应具有随水流强度增大而增大的趋势。作为一种近似,王士强在计算黄河下游山东河段时,当水流强度大于某一特征值时,则把水流强度取为特征值以进行处理[231]。此种方法可以作为一种近似处理的简单办法。作为一种趋势的延伸,也可以根据沙垄阶段水流强度与混合层厚度的关系对沙垄阶段以后的相应关系进行外延插值处理。此外,由于天然河流中推移质运动一般处于饱和输沙状态,推移质输沙率既表征水流实际挟运的推移质数量,又反映水流挟运推移质的能力,而推移质的输移过程与床沙的交换过程是有密切联系的,推移质输沙强度的大小可在一定程度上反映床沙参与交换的范围。假定推移质全部由床沙交换而产生,则单位时间内床沙的活动层厚度可表示为：

$$E_m = \max\left(\frac{G_{b,i}\Delta t}{m_0 \rho_s P_{b,i}}\right)$$

式中，$G_{b,i}$ 为推移质输沙强度，单位为 $kg/(m \cdot s)$，$P_{b,i}$ 为推移质在床沙中的含量，i 为推移质粒径组编号，m_0 为床沙静密实系数，ρ_s 为泥沙密度。当沙波运动在沙垄阶段以后，在根据水流强度进行趋势性插值的同时，可根据上式对混合层厚度进行估算，综合比较下取较合理的值。

4.4　断面冲淤面积分配

一维水沙数学模型给出了计算断面的总冲淤面积，要模拟预测断面形状变化及纵向冲淤发展，必须将冲淤面积沿河宽方向进行分配。冲淤面积分配的合理性是保证一维水沙数学模型计算精度的基本要求。天然河流中，断面冲淤变化受到河型与河势、河床地质与组成、水流条件等诸多因素的影响，准确地模拟预测极其困难。本书在讨论断面冲淤面积分配一般计算方法的基础上，根据水流与河床作用基本原理，利用实测资料对流速沿断面分布进行理论推导和公式率定，以用于基于水流不饱和程度构造的断面冲淤面积分配模式之中。

4.4.1　断面冲淤面积分配一般计算方法

当前，一维水沙数学模型中用于断面总冲淤面积沿河宽方向分配的方法基本上可以分为三类，即经验方法、水沙条件构造方法和极值假说方法。

1. 经验方法

经验方法是考虑河型、地质结构以及断面的形态特征，而并不着眼于水沙条件的变化和差异，对冲淤面积进行经验分配[225]。例如：对于山区性河流的 V 形断面，河岸不易冲淤，可将冲淤面积仅在河槽内进行堆积分配；对于平原河流的 U 形断面，可将冲淤面积沿湿周进行等厚分配。如吴伟明等[240]对于宽断面，采用等厚冲刷和等厚淤积形式，对于窄断面，采用等厚冲刷和平行淤积模式；韩其为等[241]在水库淤积与河床演变的一维数学模型中采用沿湿周等厚冲淤，但淤积时遍布全湿周，冲刷时只在槽内稳定河宽以内进行的处理方法。王小艳等[242]在三门峡水库潼关至三门峡段冲淤计算中即采用这一方法。综合而言，经验分配方法一般任意性比较大，经验性比较强。

2. 水沙条件构造方法

水沙条件构造方法是指根据水沙条件与河床冲淤的关系，通过构造两者之间的数学关系来对冲淤面积进行分配。根据所依据水沙条件的不同，构造方法主要有以下几种：

（1）根据挟沙水流饱和程度构造。

河床变形究其根本，是由于河道水流的不平衡输沙引起的，水流挟沙的非饱和程度是河床变形强度和大小的主要判别尺度。如赵士清和窦国仁等[243]在三峡水库变动回水区的一维计算中，对于悬移质冲淤面积即是按水流挟沙的饱和程度来分配的。其他如 SUSBED 模型[244]、陆永军等[245]水库下游冲刷的数学模型亦采用此方法。张启卫[246]假定断面平均冲淤厚度和水流不饱和程度的关系可以应用到子断面上，则子断面冲淤厚度可写成如下形式：

$$\Delta Z_{ij} = K(S_{ij} - S_{ij}^*)\omega_{ij}$$

式中，i、j 分别为断面编号和子断面编号，S_{ij} 和 S_{ij}^* 分别为子断面含沙量和水流挟沙力，则断面总冲淤面积可表示为：

$$\Delta A_{s,i} = \sum \Delta Z_{ij} \cdot B_{ij} = K\sum(S_{ij} - S_{ij}^*)\omega_{ij}B_{ij} = K\psi_i$$

式中，$\Delta A_{s,i}$ 是断面总冲淤面积，B_{ij} 为子断面河宽，ψ_i 是断面上挟沙水流非饱和程度的综合指标，于是可以得到：$K = \Delta A_{s,i}/\psi_i$，各子断面的冲淤厚度为：

$$\Delta Z_{ij} = (S_{ij} - S_{ij}^*)\omega_{ij}\Delta A_{s,i}/\psi_i$$

根据挟沙水流饱和程度对冲淤面积进行分配，关键在于确定子断面的含沙量和水流挟沙力。

（2）根据面积比构造[225]。

这种方法考虑子断面之比进行分配，即：

$$\Delta Z_{ij} = (H_{ij}/A_i)\Delta A_{s,i}$$

式中，H_{ij} 为断面节点的水深，A_i 为断面总过水面积。对于确定的计算断面，水深大的地方，冲淤量分配就大，反之亦然。冯普林等[247]据对咸阳、临潼、华县站滩槽冲淤厚度与水力因子关系的分析，发现滩地淤积厚度与最大水深成正比，并据此在渭河下游的水沙数学模型中加以应用。史英标[248]等在钱塘江河口动床数值预报模型中亦采用此方法。

（3）根据床面切应力构造。

河床的冲淤变形与床面泥沙受到的剪切作用力密切相关。如果考虑床面泥沙条件，则可以构造如下冲淤分配模式[225]：

$$\Delta Z_{ij} = \frac{\tau_{ij} - \tau_{c,ij}}{\Sigma B_{ij}(\tau_{ij} - \tau_{c,ij})}\Delta A_{s,i}$$

式中，τ_{ij} 为子断面切应力，$\tau_{c,ij}$ 为该子断面的泥沙起动临界切应力。前者代表水流对河床的冲刷强度，后者则为河床队水力的抗侵蚀作用。这个方法考虑了水流泥沙条件，比较全面，但此方法中，$\tau_{ij} - \tau_{c,ij}$ 的大小反映了床面泥沙的起动强度，无法反映出起动后的泥沙是否能够起悬，所以，此方法比较适应于推移质的河床变形问题。陆永军等[245]等关于水库下游冲刷的模型中，对于推移质引起的冲淤面积分配方法正是基于此原理构造的。此方法中，子断面的流速分布的确定是关键问题。

（4）根据滩槽输沙强度构造。

此方法将计算断面分为主槽和滩地两个部分，根据滩槽的输沙强度分别计算主槽和滩地的冲刷厚度，进行一维扩展至二维的滩槽冲淤计算。此方法可以求得计算河段滩槽高差的随时调整过程，并决定平滩流量的随时变化，从而反映滩槽横向变形的自动调整作用，如刘月兰[249]等在黄河下游河道冲淤计算中根据实测资料，确定滩槽输沙强度经验关系，然后分别计算滩槽的冲淤分布。天然河道中，断面形态复杂多变，一般数学模型很难对滩槽进行定量的划分，因此滩槽输沙强度构造法在实际应用中多有不便。

3. 极值假说方法

极值假说方法是通过引入附加方程来预测断面冲淤发展，而附加方程通常是根据某一参数的最大值或者最小值来表示，如水流功率最小[250]、水流能耗率最小[251]、输沙率最大[252]等。此方法应用于河床变形模拟预测的主要有 FLUVIAL－12 模型[253] 和 GSRTARS 模型[254]。其断面总冲淤面积在断面上的分配是假定河段的水流功率趋向于均匀化或者能量耗散趋向于最小值的前提下进行的。根据能量耗散原理，能量耗散最小规律主要针对封闭系统而言。对于河流而言，一段河流是开放系统，而由一段河流连接的两个水库才为封闭系统[255]。因此，最小能耗理论在天然河流中并不完全适应，也有相关研究表明，由极值假说得到的结论往往与实际观测的结果并不一致[256]。

4.4.2　断面冲淤面积分配中的关键问题

河床变形的根本原因是河道水流的不平衡输沙，而不平衡输沙主要取决于水流挟沙的饱和程度，因此，断面冲淤面积的分配应该根据断面各节点的饱和程度进行。刻画水流饱和程度的主要参数为水流含沙量与挟沙力。根据泥沙运动方程：

$$\rho'_s \frac{\partial A_s}{\partial t} = \alpha \omega B (S - S^*)$$

式中，ρ'_s 为泥沙干密度。假定上式仍适用于任意子断面，则任意子断面的断面冲淤面积可表示为：

$$\Delta A_{s,ij} = K B_{ij} (S_{ij} - S^*_{ij})$$

式中，K 为系数，与泥沙恢复饱和系数及泥沙粒径有关，对于某一特定粒径组泥沙而言可视为定值。断面总冲淤面积可表示为：

$$\Delta A_{s,i} = \sum \Delta A_{s,ij} = K \sum B_{ij} (S_{ij} - S^*_{ij})$$

则子断面冲淤面积与断面总冲淤面积的关系为：

$$\frac{\Delta A_{s,ij}}{\Delta A_{s,i}} = \frac{K B_{ij} (S_{ij} - S^*_{ij})}{K \sum B_{ij} (S_{ij} - S^*_{ij})} = \frac{B_{ij} (S_{ij} - S^*_{ij})}{\sum B_{ij} (S_{ij} - S^*_{ij})}$$

根据上式,利用一维模型计算出的断面总冲淤厚度,计算出各子断面的含沙量与挟沙力之后,代入上式即可得到各子断面的冲淤幅度。因此,利用上式进行断面冲淤面积分配时,关键在于确定水流含沙量和挟沙力的沿断面的分布。

1.泥沙要素沿断面的分布

(1)子断面挟沙力与断面平均挟沙力的关系。

水流挟沙力既受到水流条件的影响,也受制于河床组成。在有较丰富河床组成资料的情况下,得到其沿断面分布并不困难。因此,对于挟沙力的沿断面分布,关键在于确定水流条件沿断面的分布情况。

(2)子断面含沙量与断面平均含沙量的关系。

对于子断面含沙量的计算,目前也展开了相当多的研究。麦侨威等[257]于1965年提出了滩槽泥沙交换的模式,用以计算滩槽含沙量;刘月兰[249]等通过对黄河实测资料的分析,也认为漫滩洪水的主槽含沙量与滩地含沙量成一定比例。陈立[258]等人则从恒定均匀流纵向处于输沙平衡状态时的扩散方程出发,采用待定系数法给出了滩槽含沙量分布公式。前两种方法的计算比较简单,考虑因素较少,后者具有一定的理论意义,且与原作者的室内概化模型试验结果比较吻合。张启卫[246]等人则将断面划分为若干子断面,并提出了计算子断面含沙量的经验公式:

$$\frac{S_{ij}}{S_i} = \frac{Q_i S_i^{*\alpha}}{\sum Q_{ij} S_{ij}^{*\alpha}} \cdot \left(\frac{S_{ij}^{*\alpha}}{S_i^*}\right)$$

式中,Q_i、S_i、S_i^*分别为断面平均流量、含沙量及挟沙力,Q_{ij}、S_{ij}、S_{ij}^*分别为子断面平均流量、含沙量及挟沙力,α为指数,根据实测资料率定。高幼华等[259]也根据实测资料点绘了子断面含沙量与断面平均含沙量的经验关系:

$$\frac{S_{ij}}{S_i} = 1.2\left(\frac{H_i}{H_{ij}}\right)^{0.167}\left(\frac{U_{ij}}{U_i}\right)^{0.6}$$

江恩惠、赵连军[260]等通过大量的黄河实测资料分析发现,含沙量横向分布规律不仅与水力因子、含沙量大小有关,还与悬沙组成相关。悬沙组成越细,含沙量的横向分布越均匀。为此,他们除引入含沙量因子外,还引入悬浮指标$\omega/\kappa u_*$来反映悬沙组成的粗细,建立了含沙量沿河宽分布公式:

$$\frac{S_{ij}}{S_i} = C\left(\frac{H_{ij}}{H_i}\right)^{\left(0.1-1.6\frac{\omega_s}{\kappa u_*}+1.3S_{Vi}\right)}\left(\frac{U_{ij}}{U_i}\right)^{\left(0.2+2.6\frac{\omega_s}{\kappa u_*}+S_{Vi}\right)}$$

式中,S_{Vi}断面平均体积含沙量,u_*为断面平均摩阻流速,C为断面形态系数,取值为1左右,可按下式进行计算:

$$C = \frac{Q_I}{\int_a^b q_{ij} \left(\frac{H_{ij}}{H_i}\right)^{\left(0.1-1.6\frac{\omega_s}{\kappa u_*}+1.3S_{Vi}\right)} \left(\frac{U_{ij}}{U_i}\right)^{\left(0.2+2.6\frac{\omega_s}{\kappa u_*}+S_{Vi}\right)} \mathrm{d}y}$$

式中，q_{ij} 为断面任一点的单宽流量，y 为横向坐标，a、b 分别为断面河宽两端点的起点距。ω_s 及 κ 计算公式如下：

$$\omega_s = \omega_0 \left(1 - \frac{S_V}{2.25\sqrt{D_{50}}}\right)(1-1.25S_V)$$

$$\kappa = 0.4 - 1.68\sqrt{S_V}(0.365 - S_V)$$

原作者利用黄河下游河道 150 多组实测资料对上式进行了验证，计算结果与实测资料吻合较好。

从以上子断面与断面平均挟沙力和含沙量的计算公式可以看出，计算过程中的关键在于获得子断面流速与断面平均流速的关系。

2. 断面流速沿河宽分布

对于顺直河道而言，可将谢才公式的运用从断面平均情况延伸到断面节点。对于断面平均情况，根据谢才公式，断面平均流速可写为：

$$U_i = C_i\sqrt{R_i J_i}$$

式中，U_i 为断面平均流速，C_i 为谢才系数，R_i 为水力半径，J_i 为水面比降。其中 C_i 可根据曼宁公式确定：

$$C_i = R^{1/6} i/n_i$$

式中，n_i 为断面综合糙率系数。将上式代入流速公式中可得：

$$U_i = \frac{\sqrt{J_i}}{n_i}R^{2/3} = KR_i^{2/3}$$

$$K = \frac{\sqrt{J_i}}{n_i}$$

假定 K 沿断面分布保持不变，则对于断面某一节点，其流速可以表示为：

$$K_{ij} = KR_{ij}^{2/3}$$

前文所述的根据挟沙水流饱和程度构造冲淤面积分配的模式中，断面节点流速的计算多采用这种方法。从推导过程中可以看出，系数 K 与床面阻力有密切关系，简单地假定其沿河宽方向保持不变有可能引起较大的误差。

中国大多数平原河道都具有滩地和主槽的复式断面河槽，如长江、黄河下游、淮河、松花江干流都是明显具有滩地和主槽的复式河槽[261]。针对复式河槽断面流速分布也进行了大量理论与试验研究。对于天然河道而言，断面形状千变万化，往往难以进行明确地滩槽划分,基于明确滩槽划分的断面横向流速分布公式在实际河道中应用也存在一定的困难。根据上文分析,若考虑系数 K 沿断面分布不均匀,则节点流速与断面平均流速的关系可表示为:

$$\frac{U_{ij}}{U_i} = \frac{\sqrt{J_{ij}}}{\sqrt{J_i}}\frac{n_i}{n_{ij}}\frac{R_{ij}^{2/3}}{R_i^{2/3}}$$

从上式可以看出,节点流速与断面平均流速的关系和节点水深、糙率、能坡等因素与断面平均值的关系有关。在假定各分区能坡相同的条件下,上式可化简为:

$$\frac{U_{ij}}{U_i} = \frac{n_i}{n_{ij}}\frac{R_{ij}^{2/3}}{R_i^{2/3}}$$

式中,$n_i/n_{i,j}$ 与糙率沿断面分布有关。李义天[262]、要威[263]等引入相对河宽参数研究糙率横断面分布问题,公式如下:

$$n_{ij} = \frac{n_i}{f(\eta)}\left(\frac{J_{ij}}{J_i}\right)^{1/2}$$

式中,$\eta = y/B$,y 为起点距,B 为河宽,上式表示相对河宽。通过点绘长江来家铺、调关等弯道、铁铺、董市浅滩及黄河等河段的水文资料,点绘了 $f(\eta) \sim \eta$ 的关系如下:

$$f(\eta) = A\eta^2 + B\eta + C$$

上式在实际应用时,需要确定断面在弯道河段中的位置,在数学模型中应用多有不便。刘臣等[264]则将相对水力半径 $\eta = R_{ij}/R_i$ 作为因子,同样建立了上述形式的 $f(\eta)$ 表达式,并根据实测资料点绘情况认为,对于宽浅型河道,采用相对河宽作为因子更合理。

综合两者的研究不难看出,糙率沿断面分布与相对河宽以及相对水力半径都有关系。实际上,不同形状的断面,相对河宽与相对水力半径之间是存在一定的对应关系的。对于天然河道而言,水位常处于变化之中,相对河宽的计算在不同水位下变幅亦相当大,适应于某一水位下的相对河宽公式不一定适应于另一水位。而相对水力半径实际上反映的是子断面的湿周与断面平均的关系,能够更好地反映河床对阻力的影响。对于一维模型,它能够方便地给出相对水深,因此此处选择它作为影响流速分布的参数。根据上述研究成果,综合考虑阻力和水力半径本身的影响,子断面流速与断面平均流速的关系可写为:

$$\frac{U_{ij}}{U_i} = f(\eta)$$

$$f(\eta) = A\eta^{8/3} + B\eta^{5/3} + C\eta^{2/3} + D$$

式中,$\eta = R_i/R$。利用宜昌、宜都、芦家河及沙市等河段的实测流速分布资料对上式进行拟合,拟合的计算值与实测值比较如图 4.4-1 所示,各系数拟合结果如下:

$$A = -0.011873 \quad B = -0.13063 \quad C = 1.18042 \quad D = -0.066352$$

根据上式计算出断面流速分布以后,进而可计算出断面流量。公式存在计算精度问题,因此根据此流速分布计算出的断面流量可能与一维模型计算出的断面流量不一致,此时可根据两者的大小对断面流速进行进一步地修正。

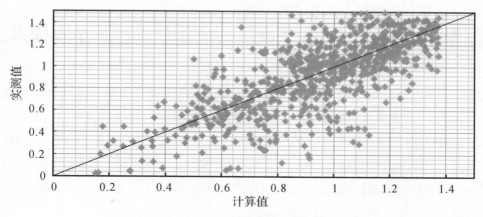

图 4.4-1 U_{ij}/U_i实测值与计算值比较图

4.5 本章小结

本章从现有研究成果出发,针对泥沙数学模型中的非均匀沙挟沙力、泥沙恢复饱和系数、混合层厚度及断面冲淤面积分配等问题进行了归纳总结和进一步探讨,并依据实测资料对某些参数进行了率定,主要成果如下:

(1)基于泥沙运动统计理论的泥沙上扬通量与沉降通量,导出了非均匀沙的挟沙力表达式,该公式可同时计算出非均匀沙挟沙力的级配和大小。计算结果表明,挟沙力大小随水流强度变化规律符合定性分析,挟沙力级配与早期应用较广的理论成果较为一致。由于所依据的物理模型中某些问题的研究不够深入,在实际应用中可引入两个参数对其进行修正。

(2)根据泥沙运动的扩散理论,通过引入调整系数,对非平衡输沙条件下的含沙量沿垂线分布公式进行了理论推导,并导出了影响调整系数取值的主要因素。同时,依据长江荆江河段的实测资料对调整系数计算公式进行了拟合。拟合成果可用于依据泥沙运动统计理论得到的泥沙恢复饱和系数计算方法中,较好地解决了非平衡输沙条件下泥沙恢复饱和系数的计算问题。

(3)根据混合层厚度的物理意义,指出在非恒定流数学模型中,其计算必须体现时间步长对其取值的影响,并推导出了基于沙波运动的混合层厚度计算方法。

(4)依据水流运动基本规律和长江中游实测资料,对流速沿断面分布公式进行了推导与拟合,拟合结果可用于一维泥沙数学模型中基于水流不饱和程度建立的断面冲淤面积分配中之中。

第5章 三峡水库下游一维非均匀沙数值模拟

长江中下游北有江汉平原,南有洞庭湖平原,自古以来就是我国重要的粮棉产地[265]。本河段周边地区,各类轻重工业星罗棋布,在国民经济发展中占有举足轻重的作用。在实施西部大开发战略的过程中,长江中下游航道作为西部地区通达海上的水上通道,其战略地位和开发利用价值十分显著。随着三峡、向家坝、溪洛渡等一系列水库、大坝的建成,长江中下游的水沙条件将发生显著的变化,从而对长江中下游地区的防洪、航运、灌溉及水沙资源利用等多方面产生一定影响。

在长江三峡工程论证、建设及蓄水运用的不同阶段,研究者已针对长江中下游的水沙输移、河床冲淤及水位变化等已开展了大量数值模拟研究工作,并取得了较丰硕的成果。“九五”期间,中国水利水电科学研究院开展了三峡水库下游河道宜昌—大通冲刷计算研究[266]。研究采用 1980 年地形和 1981—1987 年的水沙资料对中国水利水电科学研究院开发的 M1—NENUS—3 模型进行了验证。之后,采用 60 系列水沙资料,以 1993 年地形为起始地形,根据三口分流形式、糙率变化模式及是否考虑崩岸影响等分为多个方案进行了计算。同时期,长江科学院也进行了三峡水库下游宜昌至大通河段的冲淤一维数模计算分析[267]。计算初始地形采用 1992 年 5 月至 1993 年 11 月的长程水道地形,进口水沙条件采用 60 系列。两家模型计算采用的都是恒定输沙模型。清华大学[268]和武汉水利电力大学[269]就两家的计算成果进行了评价。清华大学就模型及计算方法提出的讨论主要包括长科院模型中挟沙力级配和床沙级配关系处理及洞庭湖出湖级配处理、水科院模型中糙率处理。评论同时指出,两家模型在下游分汊河道的冲淤差别也比较大。三峡工程建成后,上游溪洛渡、向家坝等大型水利工程也将相继建成,它们拦截进入三峡库区的泥沙,对三峡水库下游冲刷的影响值得探讨。为此,长江科学院[270]、中国水利水电科学院[271]又分别考虑溪洛渡和向家坝工程修建后对宜昌至大通河段的冲淤变化进行了计算分析。同时,针对坝下游局部河段的河床冲淤,多家单位也进行了大量的一维与二维的数值模拟研究工作[272-279]。近期,长江科学院又进行了以 2002 年地形为初始地形、90 系列水沙条件为进口边界条件的宜昌至大通的一维水沙数模计算[280]。

自三峡工程蓄水运用以后,坝下游河段出现了不同程度的冲淤变化和水位下降。本书建立了适用于三峡水库下游长江中下游干流河段的一维水沙数学模型,利用最新的实测数据对模型进行验证。利用该模型可对三峡水库不同蓄水水位方案下的沿程各河段冲淤量、冲淤发展过程及沿程水力特性变化进行了模拟预测,以为整个长江中下游河道的系统治理提供一定的支持。

5.1　数学模型建立

5.1.1　控制方程及求解

长江中下游河段分汊河段众多,分、汇流复杂。本书根据水流连续方程与运动方程、泥沙连续方程及河床变形方程等,在补充汊点上的水量、沙量与动量连续方程[281]的基础上,建立起三峡水库下游一维河网非恒定非均匀水沙数学模型,各方程具体如下:

(1)水流连续方程:

$$\frac{\partial Q}{Q x} + B\frac{\partial z}{\partial t} = q$$

(2)水流动量方程:

$$\frac{\partial Q}{\partial t} + \frac{\partial}{\partial t}\left(\beta\frac{Q^2}{A}\right) + gA\frac{\partial z}{\partial x} + gn^2\frac{Q|Q|}{AR^{4/3}} = q(u - U)$$

(3)泥沙连续方程:

$$\frac{\partial(QS)}{\partial x} + \frac{\partial(AS)}{\partial t} = -\alpha\omega B(S - S_*)$$

(4)河床变形方程:

$$\frac{\partial(QS)}{\partial x} + \frac{\partial(AS)}{\partial t} + \rho'\frac{\partial A_0}{\partial t} = 0$$

(5)汊点水量连续方程:

$$\sum_{i=1}^{L(m)} Q_{m,l}^{n+1} = 0 \qquad m = 1,2,\cdots,M$$

(6)汊点动量连续方程:

$$Z_{m,1} = Z_{m,2} = \cdots = Z_{m,L(m)} = Z_m \qquad m = 1,2,\cdots,M$$

(7)汊点沙量连续方程:

$$\sum_{i=1}^{in(m)} Q_{m,l}^{n+1}S_{m,l}^{n+1} = \sum_{i=1}^{out(m)} Q_{m,l}^{n+1}S_{m,l}^{n+1}, m = 1,2,\cdots,M$$

上述各方程中,x 为流程(m);Q 为流量($\mathrm{m^3/s}$);z 为水位(m);q 为区间入流($\mathrm{m^2/s}$);u 为分汇流流速(m/s);U 为干流流速(m/s);B 为河宽(m);t 为时间(s);A 为断面过水面积($\mathrm{m^2}$);R 为水力半径(m);n 为糙率;A_0 为河床变形面积($\mathrm{m^2}$);S 为含沙量($\mathrm{kg/m^3}$);S_* 为水流挟沙力($\mathrm{kg/m^3}$);ω 为泥沙颗粒沉速(m/s);ρ' 为泥沙干密度($\mathrm{kg/m^3}$);β 为动量修正系数,α 为泥沙恢复饱和系数;M 为河网中的汊点数,$L(m)$ 为与汊点 m 相连接的河段数,$Z_{m,L}$ 为与汊点 m 相连的第 l 条河段端点的水位;$Q_{m,l}^{n+1}$ 为与汊点 m 相接的第 l 条河段流进(或流出)该汊

点的流量，$S_{m,i}^{n+1}$ 为与该流量相对应的含沙量。

方程求解时，首先采用利用线性化的 Preissmann 四点偏心隐格式[282]将每一小河段内的水流方程进行离散，离散结果如下：

$$a_i \Delta Z_{i+1} + b_i \Delta Q_{i+1} = c_i Z_i + d_i \Delta Q_i + b_i$$

$$a'_i \Delta Z_{i+1} + b'_i \Delta Q_{i+1} = c'_i Z_i + d'_i \Delta Q_i + e'_i$$

式中，系数 a,b,c,d,e 及 a',b',c',d',e' 仅与第 n 时间层的水位、流量有关，然后将河段内部各计算断面的未知数通过变量代换消去，将未知数集中到汊点上：

$$\Delta Q_1 = E_1 \Delta Z_1 + F_1 + H_1 \Delta Z_{I(l)}$$

$$\Delta Q_{I(l)} = E'_1 \Delta Z_1 + F'_1 + H'_1 \Delta Z_{I(l)}$$

再根据汊点的水量连续方程，可得河网汊点方程组：

$$[A]\{\Delta Z\} = \{B\}$$

式中，$[A]$ 为系数矩阵；$\{\Delta Z\}$ 为汊点水位增量矢量；$\{B\}$ 为由常数项组成的矢量。基于汊点方程组自身的结构特点，参照线性代数理论中的矩阵分块运算方法，采用汊点分组解法[281]对离散方程进行求解，除第一组和最后一组（第 NG 组）外，其余各汊点组的汊点方程组均可写为：

$$[R]_{ng}\{\Delta Z\}_{ng-1} + [S]_{ng}\{\Delta Z\}_{ng} + [T]_{ng}\{\Delta Z\}_{ng+1} = \{V\}_{ng}$$

式中，$\{\Delta Z\}_{ng}$ 为第 ng 组汊点的水位增量；$ng-1$、$ng+1$ 分别表示与第 ng 组汊点相邻的前一组及后一组汊点。

对于第一组汊点（$ng=1$），汊点方程组可写为：

$$[S]_1\{\Delta Z\}_1 + [T]_1\{\Delta Z\}_2 = \{V\}_1$$

对最后一组汊点（$ng=NG$），其汊点方程组为：

$$[R]_{NG}\{\Delta Z\}_{NG-1} + [S]_{NG}\{\Delta Z\}_{NG} = \{V\}_{NG}$$

求解时，从第一组汊点开始，逐步运用变量替换法，将各汊点组中的未知量消去，通过回代求出各汊点的水位及各河段端点的流量，进而可求出河网中各计算断面的水位、流量。

对于泥沙连续方程，本书采用差分法求解，在同一时间层上求分析解，所得含沙量表达式为[283]

$$S_{i+1}^{n+1} = S_i^{n+1} e^{-\left[\left(\frac{\omega}{q}\right)^{n+1} + \frac{1}{U^{n+1} + \Delta}\right]\Delta x_i} + \frac{\alpha\omega \overline{U^{n+1} S_*^{n+1}} \Delta t + \overline{q^{n+1} S^n}}{\alpha\omega \overline{U^{n+1}} \Delta t + \overline{q^{n+1}}} \left\{1 - e^{-\left[\left(\frac{\omega}{q}\right)^{n+1} + \frac{1}{U^{n+1}}\right]\Delta x_i}\right\}$$

式中，$\overline{U}$ 为 Δx_i 河段内的平均流速；$\overline{q}$ 为 Δx_i 河段内的平均单宽流量；$\overline{S}_*$ 为 Δx_i 河段内的平均挟沙力；$\overline{s}$ 为 Δx_i 河段内的平均含沙量；s_i 为进口断面含沙量；s_{i+1} 为出口断面含沙量；Δx_i 为计算河段长度，上标 $n+1$ 表示当前计算时段，n 表示上一计算时段。

5.1.2 关键问题处理

本模型采用糙率沿河宽不均匀分布的处理方法[284]，相应于不同水位取不同的糙率值，具体实现采取以下模式:每个计算断面存在一个糙率基值 n_T;断面地形数据中,每对起点距、高程附加一个相对糙率系数 a_i,将这些系数按照它们各自控制的河宽比例加权求和,得到一个综合系数,该系数与糙率基值的乘积便决定了该水位下的综合糙率,如图 5.1-1 所示。采用此种处理方法后,随着水位的升降,断面自动表现出不同的阻力。这种模式中,利用糙率基值实现对糙率的粗调,而利用沿河宽分布的权重系数实现对糙率的微调,可根据需要对任意断面糙率进行修正。一旦确定出沿河宽分布的权重后,计算过程中糙率根据水位高低实现自动调节。

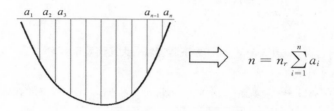

图 5.1-1　断面综合糙率处理模式示意图

模型中,非均匀沙水流挟沙力、恢复饱和系数、混合层厚度以及断面冲淤面积分配等采用本书研究成果。由于悬移质中的冲泻质不参与河床的变形,在计算中应该划分出去。考虑到本模型计算针对长江中下游河段进行,在此利用悬浮指标的概念,采用适合长江中下游河段的经验公式对悬移质与冲泄质以及推移质进行划分[285],其中悬移质的最大和最小粒径分别为:

$$\omega_{\min} = 65\left(\frac{h}{D_{pj}}\right)^{1/6}/\overline{u}$$

$$\omega_{\max} = 3\left(\frac{h}{D_{pj}}\right)^{1/6}/\overline{u}$$

泥沙沉速采用张瑞谨公式计算[286]:

$$\omega = \sqrt{(13.95\frac{v}{D})^2 + 1.09\frac{\rho_s - \rho}{\rho_s}gD} - 13.95\frac{v}{D}$$

在计算过程中,床沙级配分层进行调整,以反映床沙级配变化对河床冲淤的影响[287]。同时,采用长科院的计算方法[267],根据冲刷以后的河床级配变化对河道糙率进行相应的调整,以反映河床粗化对河道糙率的影响。

5.1.3　数学模型建立

本模型计算区域为宜昌—大通干流河段,全长约 1015km,沿程有清江、汉江支流以及洞庭湖、鄱阳湖出流的入汇,同时还有松滋口、太平口、藕池口分流汇入洞庭湖,构成了复杂的江湖关系,河道平面形态如图 5.1-2 所示。本次河网结构根据河道中实际的分汊河段进行概化,如图 5.1-3 所示。整个计算范围概化为 81 条河段,60 个汊点,共计 2120 个断面。为适应河网分组计算的要求,将汊点分为 5 组。

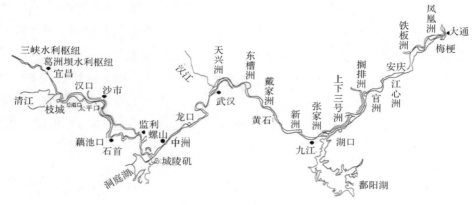

图 5.1-2　长江中下游宜昌—大通河段示意图

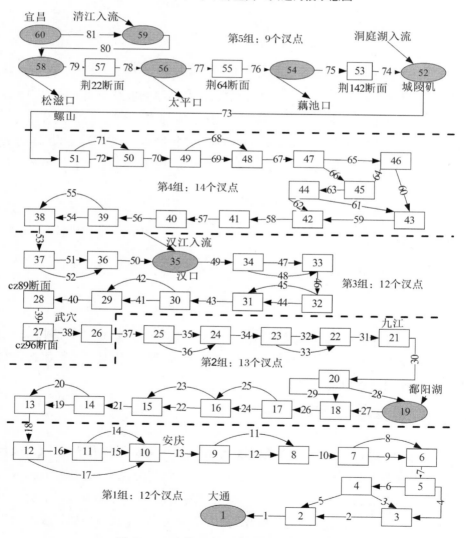

图 5.1-3　宜昌—大通河段河网概化示意图

5.2　数学模型验证

模型验证计算时段选取为三峡水库蓄水后的 2013—2017 年。本次模型验证时,模型进口、清江、荆江三口、洞庭湖入汇、汉江入汇以及鄱阳湖入汇水文泥沙边界条件采用 2013—2017 年各控制站实测水沙条件,计算初始地形采用 2011 年 10 月实测地形,计算河段各控制断面的河床组成根据 2014 年汛后的实测床沙资料以及洲滩地质钻孔资料确定。验证对象为宜昌—大通河段沿程代表站的水位、流量及含沙量等。

水位与流量过程的验证成果如图 5.2-1 至图 5.2-2 所示。从该图可以看出,水位和流量过程的计算值和实测值吻合较好,流量计算误差一般在 5% 以内,水位计算误差一般在 0.1m 以内。

图 5.3-2 给出了 2013—2017 年宜昌—大通河段沿程主要水文站点的年分组输沙量计算值与实测值的对比情况。由该图可知,各水文站年分组输沙量计算值和实测值差别较小,一般误差在 6% 以内,基本能反映计算河段内非均匀沙的输移情况。

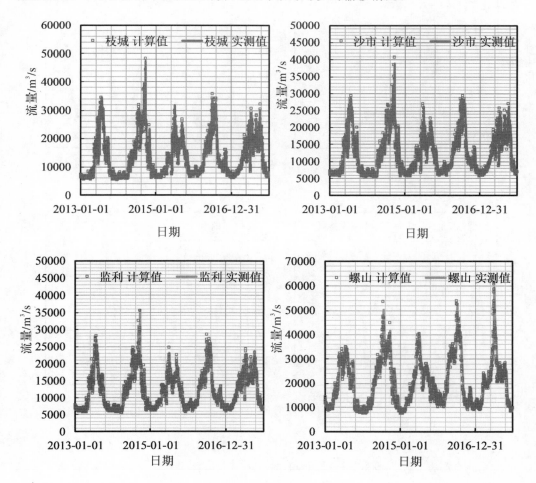

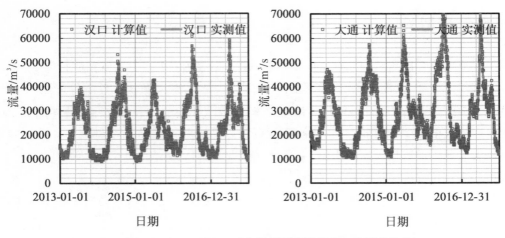

图 5.2-1 2013—2017 年流量过程计算值与实测值比较

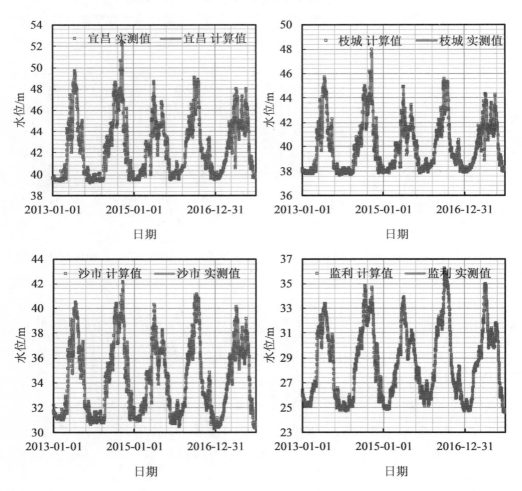

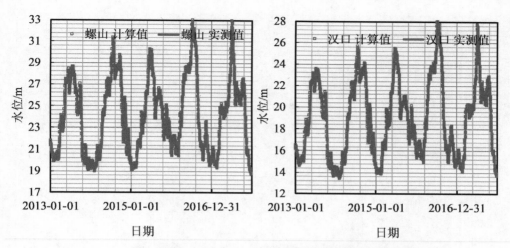

图 5.2-2　2013—2017 年水位过程计算值与实测值比较

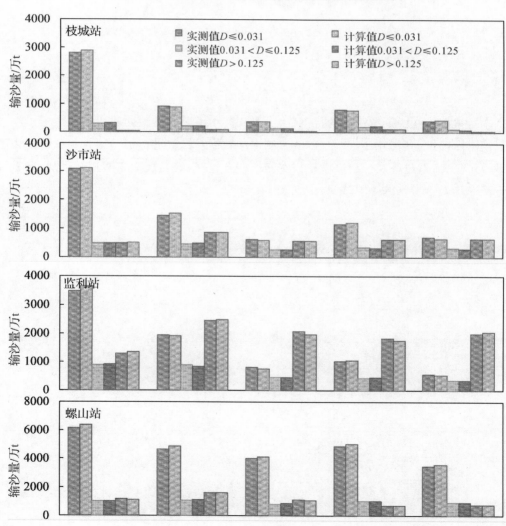

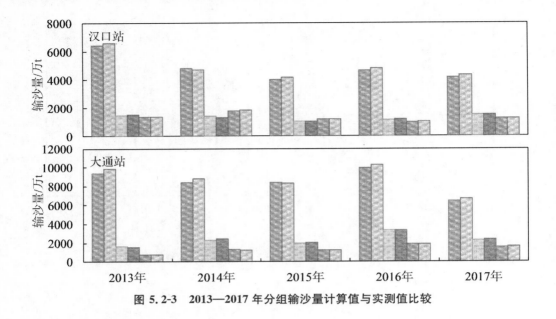

图 5.2-3　2013—2017 年分组输沙量计算值与实测值比较

5.3　本章小结

　　本章根据长江中下游河道的特点,建立了长江中下游一维河网非均匀沙数学模型,并根据三峡水库蓄水前后 2013—2017 年的实测水沙数据对模型进行了验证。验证情况表明,计算沿程水位、流量过程及分组输沙量与实测值符合较好,数学模型能够较好反映三峡水库下游干流非均匀沙输移的一般规律。

第6章 结论与展望

6.1 结论

　　水库建成以后,将大量泥沙拦截在水库内,改变了水库下游河道的来水来沙条件,势必破坏其天然条件下的冲淤状态,使下游河道形态进行相应的调整。在调整过程中,伴随着河床的冲淤发展,将引起诸如航运、防洪、取水、生态等多方面的问题。为做到防患于未然,以便及早采取措施,发挥水库的最大效益,准确地模拟预测水库下游河床的冲淤发展显得极为重要。非均匀输移与河床冲淤发展密切相关,明确水库下游非均匀沙恢复的一般特性,不仅有助于水库下游河道冲淤发展过程模拟预测技术的提高,也是检验模拟预测成果可靠性的重要依据。同时,不同类型河道由于河床组成、河床地质、河岸控制条件等都有所不同,河流上修建水库以后,在水库下游河道的再造床过程中,河床达到平衡的过程、方式以及平衡状态等都有可能不同。总结归纳不同河床组成类型的河道在平衡趋向过程中的调整现象、深入分析各调整方式在平衡趋向过程中的作用及其内在机理也将极大地提高预测成果的准确度。长江中下游地区作为我国重要的粮棉产地,其河段周边地区各类轻重工业星罗棋布,在国民经济发展中占有举足轻重的地位。在实施西部大开发战略过程中,长江中下游航道作为西部地区通达海上的水上通道,其战略地位和开发利用价值也十分显著。随着三峡、向家坝、溪洛渡等一系列水库、大坝的建成,长江中下游河道的水沙条件将发生显著的变化,从而对长江中下游地区的防洪、航运、灌溉及水沙资源利用等方面产生重大影响。同时,为充分发挥三峡工程效益,蓄水方案也会进行一定的调整,坝下游河段可能在冲刷过程以及水位下降等方面与原设计方案相比会存在差异。随着三峡水库蓄水运用时间的增加,早期数学模型计算结果与当前实际发生现象也存在一些不符之处。因此,分析本河段的泥沙输移特性,提高非均匀沙输移模拟的关键技术,可进一步加强对三峡水库下游冲淤发展过程及沿程的水位变化过程的模拟预测,可为整个长江中下游河道的系统治理提供必要的支持。

　　本书总结归纳了水库下游非均匀沙输移及河道冲淤调整的一般性规律,深化对其内在机理的认识,并结合当前研究成果,针对泥沙数学模型中的关键技术和参数进行探讨及实测资料率定。主要结论归纳如下:

1. 水库下游非均匀沙恢复特性及机理

(1)河床冲淤决定于水体中泥沙的沉降与河床上泥沙的上扬:泥沙粒径越粗,沉降强度越大,上扬强度越小;水流强度越大,沉降通量越小,上扬通量越大。对于非均匀沙而言,随着水流强度和含沙量水平的变化,河床有可能表现出各粒径组泥沙均淤积、粗颗粒泥沙淤积而细颗粒泥沙冲刷和各粒径组泥沙均冲刷三种不同的冲淤状态。

(2)水库修建以后,来沙的减少是坝下游河段沿程出现沙量恢复现象的根本原因。对于非均匀沙而言,各粒径组泥沙恢复能力、恢复程度及恢复距离均有所不同,主要表现为:①随着水库运用时间的增加,沿程沙量恢复程度逐渐减小、恢复的距离逐渐延长。②细颗粒泥沙的恢复能力较强,但受制于河床组成,恢复程度比较小,恢复距离较长,而粗颗粒泥沙的恢复程度比较大,恢复距离比较短。③水库下游沙量恢复过程中,同流量下各粒径组泥沙输沙水平均不超过建库前多年水平。上述特性与不同水沙条件对决定泥沙恢复的泥沙沉降与上扬的影响密切相关。

(3)就年统计值而言,长江中游非均匀沙年冲淤量与年输入沙量的关系比较密切,其相关性随着泥沙粒径的增大而增强,即来沙粒径越大,年来沙量与河道年冲淤量关系越密切。随着来沙粒径的增大,单位年来沙量改变引起的下游河道年冲淤量逐渐增大。同时,粒径越大,河道冲淤平衡时对应的年输入沙量越少,即河段水流挟沙力越小。若通过控制进入螺山—武汉河段泥沙输入量而达到减少河段淤积、减轻防洪压力的目标,减沙对象选择粒径较大组相对其他粒径组泥沙效果更明显。从沿程变化来看,各粒径组泥沙挟沙力均表现为沿程递减趋势。

(4)20 世纪 90 年代前后和三峡水库蓄水前后,长江中游进口宜昌站年径流量均变化不大,但来沙量却均有一定程度的减少。在此情况下,90 年代前后沿程各站基本无沙量恢复现象,而三峡水库蓄水后沿程各站沙量恢复现象比较明显。这主要与来沙减少幅度、来沙变化前后河床所处冲淤状态以及水力要素调整有关。其中,三峡水库蓄水以后由于各粒径组泥沙来量减少幅度更大,加之三峡水库蓄水前河段已基本处于冲刷状态,因此其沙量恢复现象比较明显。此外,90 年代前后河段水面比降的调平也在一定程度上削弱了同时期的沙量恢复现象。

(5)根据非均匀沙的冲刷特点,构造了水库下游河道不同冲刷历时沙量恢复的一般表达式,并定性分析了沙量恢复随冲刷历时的变化规律,与已建水库下游的沙量恢复规律基本一致。同时,根据三峡水库下游实测资料对泥沙输移方程中的恢复系数进行了反求,并对其所表现出来的规律进行了合理性分析。反求结果表明,恢复系数的数量级可达 $10^{-3} \sim 10^{-1}$,一般随着粒径的增大而减小,并且随着冲刷历时的增加和床沙的粗化而呈递减的趋势。

2. 水库下游河流平衡趋向调整

(1)在清水冲刷条件下,由于水流的拣选作用,卵石夹沙河段的细颗粒泥沙逐渐被冲刷,较粗颗粒泥沙聚集于床面而形成抗冲保护层,河床发生粗化,这一方面限制了床沙的起动,另一方面增加了床面阻力、减缓了水流流速,使得床沙抗冲能力进一步增强,两个方面综合作用使卵石夹沙河段最终处于冲刷平衡状态。对于卵石夹沙河段,其最终的平衡状态往往决定于下伏卵石层埋藏情况。

(2)沙质河床平衡趋向过程的纵剖面调整主要表现为河床纵剖面的趋缓。在清水冲刷条件下,距离水库越远,泥沙恢复速度越慢,相应河床冲刷量越小,加之水流条件的沿程趋缓作用,河床纵剖面因此趋向平缓。其直接效果为水面比降的趋缓,上下游冲刷深度的不一致,使河段上游水深的增加,降低水流流速和水流输沙能力,促使河床向平衡方向发展。

(3)沙质河床平衡趋向过程的粗化调整主要包括各粒径组泥沙均发生冲刷情况下,粗、细沙冲刷数量的差异而造成的粗化,以及不同粒径组泥沙冲淤规律不一致情况下,粗沙淤积或冲淤不大、细沙冲刷而造成的粗化,其主要作用为增大河床阻力以降低水流强度和输沙强度,以及增加泥沙起动难度以减缓冲刷速度。

(4)沙质河床平衡趋向过程中横断面的调整方式主要包括横断面的下切与展宽调整,其主要作用包括扩大断面过水面积、减小流速,以及增加单位长度河段水流与河床的接触面积,从而达到增加水流摩擦阻力与能量损失、减小水流动能与造床能力的目的。

(5)在清水冲刷条件下,沙质河床各因素调整的终极结果是改变了决定河床冲刷发展的两个方面:河床的抗冲刷能力和水流塑造河床的能力,当两者相当时河床便进入绝对平衡状态,而此最终状态是由泥沙的起动条件决定的。

3. 一维非均匀沙数值模拟关键技术探讨

(1)基于泥沙运动统计理论的泥沙上扬通量与沉降通量,导出了非均匀沙的挟沙力表达式,该公式可同时计算出非均匀沙挟沙力的级配和大小。计算结果表明,挟沙力大小随水流强度变化规律与定性分析结果一致,挟沙力级配与早期应用较广的理论成果较为一致。由于所依据的物理模型中某些问题的研究不够深入,在实际应用中可引入两个参数对其进行修正。

(2)根据泥沙运动的扩散理论,通过引入调整系数,对非平衡输沙条件下的含沙量沿垂线分布公式进行了理论推导,并导出了影响调整系数取值的主要因素。同时,依据长江荆江河段的实测资料对调整系数计算公式进行了拟合。拟合成果可用于依据泥沙运动统计理论得到的泥沙恢复饱和系数计算方法中,较好地解决了非平衡输沙条件下泥沙恢复饱和系数的计算问题。

（3）根据混合层厚度的物理意义，指出在非恒定流数学模型中，其计算必须体现时间步长对其取值的影响，并推导出了基于沙波运动的混合层厚度计算方法。

（4）依据水流运动基本规律和长江中游实测资料，对流速沿断面分布公式进行了推导与拟合，拟合结果可用于一维泥沙数学模型中基于水流不饱和程度建立的断面冲淤面积分配中。

4. 三峡水库下游一维非均匀沙数值模拟

根据长江中下游河道的特点，建立了长江中下游一维河网非均匀沙数学模型，并根据三峡水库蓄水前后 2013—2017 年的实测水沙数据对模型进行了验证。验证情况表明，计算的沿程水位、流量过程及分组输沙量与实测值符合较好，数学模型能够较好地反映三峡水库下游非均匀沙输移的一般规律。

6.2 问题与展望

本书在当前研究成果的基础上，对水库下游水沙输移特性及数值模拟技术进行了一定程度的探讨。鉴于泥沙运动现象的复杂性，加之笔者水平有限，文中诸多问题仍悬而未决，研究并不充分，如参数率定或敏感性分析时所利用的实测资料不够翔实，一些基础性的理论研究不够深入等。结合自身体会，笔者认为，非均匀沙输移理论及模拟技术的突破性进展仍有待于从以下几个方面努力：

1. 基础理论的突破

非均匀输移作为泥沙学科的难点，在泥沙上扬与沉降特点和量化、输移能力、冲刷机理以及颗粒间相互影响等方面的理论研究不足仍然制约着泥沙数学模型模拟预测精度与技术的提高，其理论突破有待于更加合理的物理概念的建立或完善。只有所依据的物理概念是合理科学的，相应的理论创新才有意义。

2. 观测技术水平的提高

试验以及天然观测资料既是理论研究的基础，也是检验理论研究成果的重要依据，而当前观测手段的差异及误差仍制约着理论研究的深度与相关研究成果的可靠性。

3. 观测资料的系统化与公开化

在大力进行基础理论研究的同时，基于实测资料的归纳分析也是解决实际工程问题行之有效的手段，而这离不开比较系统的观测资料，而系统观测资料的获得恰恰是众多研究人员面临的共同困难。

由于作者水平有限，文中难免存在诸多不足之处，恳请各位同行专家批评指正。

主要参考文献

［1］ Bogardi J. Sediment Transport in Alluvial Streams［M］. Budapest：Academia Kiado,1974.

［2］ 钱宁,万兆惠. 泥沙运动力学［M］. 北京：科学出版社,2003.

［3］ 张瑞瑾. 河流泥沙动力学［M］. 北京：中国水利水电出版社,1998.

［4］ Murray S P. Settling velocities and vertical diffusion of particles in turbulent water［J］. Journal of Geophysical Research,1970,75(9):1647-1654.

［5］ 范家骅,吴德一,陈明. 紊动水流中泥沙的沉淀［R］. 北京：水利水电科学研究院,1964.

［6］ O'Brien M P. Review of the theory of turbulent flow and its relation to sediment transportation［J］. Eos Transactions American Geophysical Union,1933,14(1):487-491.

［7］ 张瑞瑾. 悬移泥沙在二度等速明流中的平衡情况下是怎样分布的［J］. 新科学季刊,1950,1(3):93-98.

［8］ 陈永宽. 悬移质含沙量沿垂线分布［J］. 泥沙研究,1984,(1):31-40.

［9］ 张小峰,陈志轩. 关于悬移质含沙量沿垂线分布的几个问题［J］. 水利学报,1990,(10):41-48.

［10］ 刘建军. 明渠水流含沙量沿垂线分布研究［J］. 泥沙研究,1996,(2):105-108.

［11］ 王志良. 悬移质含沙量的垂线分布规律探讨［J］. 河海大学学报,1997,25(3):31-35.

［12］ 刘大有. 从二相流方程出发研究平衡输沙——扩散理论和泥沙扩散系数的讨论［J］. 水利学报,1995,(4):62-67.

［13］ 刘大有. 现有泥沙理论的不足和改进——扩散模型和费克定律适用性的讨论［J］. 泥沙研究,1996,(3):39-45.

［14］ 曹志先,张效先,习和忠. 基于湍流猝发的明渠流悬沙浓度分布［J］. 水利学报,1997,(2):52-57.

［15］ Cao Zhixian,Wei Liangyan,Xie Jianheng. Sediment-laden flow in open channels from two-phase flow view point［J］. J. Hydr. Eng. ,ASCE,1995,121(10):72-735.

［16］ 邵学军,夏震寰. 悬浮颗粒紊动扩散系数的随机分析［J］. 水利学报,1990,(10):32-40.

［17］ 韩其为,陈绪坚. 恢复饱和系数的理论计算方法［J］. 泥沙研究,2008,(6):8-16.

[18] 韩其为,何明民.论非均匀悬移质二维不平衡输沙方程及其边界条件[J].水利学报,1997,(1):1-10.

[19] 谢鉴衡.河流模拟[M].北京:水利电力出版社,1990.

[20] 曹志先.基于湍流猝发的床面泥沙上扬通量[J].水利学报,1956,(5):18-21.

[21] Brandt S A. Classification of geomorphological effects downstream of dams[J]. Catena,40(4):375-401.

[22] Topping D J,Rubin D M,Vierra J L E. Colorado River sediment transport 1:Nature sediment supply limitation and influence of Glen Canyon Dam[J]. Water Resources Research,2000,36(2):515-542.

[23] Grasser M M,El-Gamal F. Aswan High Dam:Lesson learnt and on-going research [J]. Water Power & Dam Construction,1994,(1):35-39.

[24] 钱宁,麦乔威.多沙河流上修建水库后下游来沙量的估计[J].水利学报,1962,(4):9-21.

[25] 钱宁,张仁,周志德.河床演变学[M].北京:科学出版社,1987,4:458-459

[26] 钱宁.修建水库后下游河道重新建立平衡的过程[J].水利学报,1962,(4):9-21.

[27] Williams G P,Wolman M E. Downstream Effects of Dams on Alluvial Rivers[J]. U. S. Geol. Survey Prof. Paper,1984,(1286):83-100.

[28] 清华大学水利系.葛洲坝枢纽下游河段河床组成及冲淤变化分析[A].国务院三峡工程建设委员会办公室泥沙课题专家组,中国长江三峡工程开发总公司工程泥沙专家组.长江三峡工程泥沙问题研究(第六卷)[M].北京:知识产权出版社,2007.

[29] 长江水利委员会水文局.长江宜都至江口河段河床组成及砂卵石来量分析[A].国务院三峡工程建设委员会办公室泥沙课题专家组,中国长江三峡工程开发总公司工程泥沙专家组.长江三峡工程泥沙问题研究(第七卷)[C].北京:知识产权出版社,2007.

[30] 窦国仁.潮汐水流中的悬沙运动和冲淤计算[J].水利学报,1964,(4):13-23.

[31] 长江水利委员会水文局.2007年度长江三峡水库进出库水沙特性与泥沙淤积分析[R].武汉:长江水利委员会水文局,2008.

[32] 中国水利水电科学研究院.三峡水库下游河道冲刷计算研究[A].国务院三峡工程建设委员会办公室泥沙课题专家组,中国长江三峡工程开发总公司工程泥沙专家组.长江三峡工程泥沙问题研究(第七卷)[C].北京:知识产权出版社,2007.

[33] 李义天,孙昭华,邓金运.论三峡水库下游的河床冲淤变化[J].应用基础与工程科学学报,2003,11(3):283-295.

[34] 孙昭华.水沙变异条件下河流系统调整机理及其功能维持初步研究[D].武汉:武汉大

学,2004.

[35] 中华人民共和国水利部.中国河流泥沙公报(2000—2007)[M].北京:中国水利水电出版社,2007.

[36] 长江水利委员会水文局.2007年三峡工程水文泥沙观测[R].武汉:长江水利委员会水文局,2008.

[37] 湖南省水利水电厅.洞庭湖水文气象统计分析[R].长沙:湖南省水利水电厅,1989.

[38] 许炯心,胡春宏,陈建国.不同粒径组泥沙对黄河下游沉积的影响及其在黄河治理中的意义[J].中国科学(E辑):技术科学,2009,39(2):310-317.

[39] Hjelmfelt A T,Lenau C W. Non-equilibrium transport of suspended sediment[J]. J. Hyd. Div. ,Proc. ,Amer. Soc. Civil Engrs. ,1970,(7):1567-1586.

[40] 尹学良.河床演变河道整治论文集[M].北京:中国建材工业出版社,1996.

[41] 黄才安.水流泥沙运动基本规律[M].北京:海洋出版社,2004.

[42] 刘兴年,曹叔尤,黄尔,等.粗细化过程中的非均匀沙起动流速[J].泥沙研究,2000,(4):10-13.

[43] 胡海明,李义天.非均匀沙的运动机理及输沙率计算方法的研究[J].水动力学研究与进展(A辑),1996,11(3):284-292.

[44] 韩文亮,惠遇甲,部国明.非均匀沙分组起动规律的研究[J].泥沙研究,1998,(1):74-80.

[45] 陈媛儿,谢鉴衡.非均匀沙起动规律初探[J].武汉水利电力学院学报,1988,(3):28-37.

[46] 李荣,李义天,王迎春.非均匀沙起动规律研究[J].泥沙研究,1999,(1):27-32.

[47] 拾兵,曹叔尤,刘兴年.非均匀沙隐暴作用的研究现状及其起动矢量式[J].青岛海洋大学学报,2000,30(4):723-728.

[48] 冷奎,王明甫.无黏性非均匀沙起动规律探讨[J].水力发电学报,1994,(2):57-65.

[49] Cao Z. Equilibrium near-bed concentration of suspended sediment[J]. Journal of Hydraulic Engineering,1999,125(12):1270-1278.

[50] 韩其为.非均匀悬移质不平衡输沙的研究[J].科学通报,1979,(17):804-808.

[51] 张启舜.明渠水流泥沙扩散过程的研究及其应用[J].泥沙研究,1980,(复刊号):37-521.

[52] 周建军,林秉南.二维悬沙数学模型——模型理论与验证[J].应用基础与工程科学学报,1995,3(1):78-98.

[53] 韩其为,何明民.恢复饱和系数初步研究[J].泥沙研究,1997,(3):32-40.

[54] 张应龙. 荆江放淤实验工程实测资料分析[J]. 泥沙研究,1981,(3):82-90.

[55] 黎运菜. 沉沙池沿程分组悬移质含沙量变化的基本计算式及其 α 值[J]. 山西水利科技,2005,(3):5-7.

[56] 张一新,张斌奇. 沉沙池设计中确定泥沙沉降率综合系数 α 的方法[J]. 人民珠江,1996,(3):29-32.

[57] 吴均,刘焕芳,宗全利,等. 一维超饱和输沙法恢复饱和系数的对比分析[J]. 人民黄河,2008,30(5):25-27.

[58] 杨晋营. 沉沙池超饱和输沙法恢复饱和系数研究[J]. 泥沙研究,2005,(3):42-47.

[59] 史传文,罗全胜. 一维超饱和输沙法恢复饱和系数 α 的计算模型研究[J]. 泥沙研究,2003,(1):59-63

[60] 赵志贡,孙秋萍. 恢复饱和系数 α 数学模型的建立[J]. 黄河水利职业技术学院学报,2000,12(4):27-29.

[61] 王新宏,曹如轩,沈晋. 非均匀悬移质恢复饱和系数的探讨[J]. 水利学报,2003,(3):120-128.

[62] 电力部成都勘测设计研究院. 水电站沉沙池悬移质泥沙分组沉降计算[R]. 成都:电力部成都勘测设计研究院,1993.

[63] 赵德招,陈立,周银军,等. 单颗粒泥沙沉速公式的对比研究[J]. 人民黄河,2009,31(1):36-40.

[64] Wu W M,Wang S Y. Formulas for sediment porosity and settling velocity[J]. Journal of Hydraulic Engineering,2006,132(8):858-862.

[65] Cheng N S. Simplified settling velocity formula for sediment particle[J]. Journal of Hydraulic Engineering,1997,123(2):149-152.

[66] Raudkivi A J. Loose boundary hydraulics（3rd ed）[M]. New York:Pergamon Press,1990.

[67] 李亦工. 过渡区泥沙沉速公式的比较[J]. 河海大学学报,1986,14(3):132-136.

[68] 窦国仁. 泥沙运动理论[R]. 南京:南京水利科学研究院,1963.

[69] 沙玉清. 泥沙运动学引论[M]. 北京:中国工业出版社,1965.

[70] 陈守煜,赵瑛琪. 过渡区泥沙沉速公式[J]. 水利学报,1986,(12):56-62.

[71] Molinas A,Wu B S. Transport of sediment in large sand-bed rivers[J]. Journal of Hydraulic Research,IAHR,2001,(2):135-146

[72] 黄才安,严恺,奚斌. 泥沙输移强度计算公式的再研究[J]. 水动力学研究与进展(A辑),2003,18(3):625-632.

[73] Lorentz H A. Ein Allgemeiner Satz die Bewegung Enier Reibenden Flussigkeit Betref-

fend[J]. Nebst Einigen Anwendungen Desselben. Abh. Theor. Phys,1907,(1):23-42.

[74] Han Qiwei,Liu Kabo. Influence on Flood Occurrence of Dongting Lake to Changes of Relation Between Yangtze River and Dongting Lake[C]. Chang Sha:the Second Yangtze Forum,2007.

[75] 许炯心. 边界条件对水库下游河床演变的影响——以汉江丹江口水库下游河道为例[J]. 地理研究,1983,2(4):60-71.

[76] 长江水利委员会水文局. 宜都至大埠街河段卵石运动规律及分析[A]. 国务院三峡工程建设委员会办公室泥沙课题专家组,中国长江三峡工程开发总公司工程泥沙专家组. 长江三峡工程泥沙问题研究(第六卷)[C]. 北京:知识产权出版社,2002.

[77] 长江水利委员会水文局. 2007年度三峡工程坝下游宜昌至湖口河段冲淤及河床组成变化分析[R]. 武汉:长江水利委员会水文局,2008.

[78] 石国钰. 丹江口水库坝下游河床粗化与演变的探讨[J]. 人民长江,1989,(6):23-29.

[79] Harrison A S. Report on Special Investigation of Bed Sediment in a Degrading Bed[R]. California:University of California,1950.

[80] 钱宁. 黄河下游河床的粗化问题[J]. 泥沙研究,1959,(1):1-91.

[81] 尹学良. 清水冲刷河床粗化研究[J]. 水利学报,1963,(1):15-251.

[82] 张瑞瑾. 河流泥沙动力学[M]. 北京:中国水利水电出版社,1989.

[83] Williams G P,Wolman M E. Downstream Effects of Dams on Alluvial Rivers[J]. U. S. Geol. Survey Prof. Paper,1984,(1286):83-100.

[84] 陆永军,李献忠,艾春来. 清水冲刷宽级配河床粗化试验初步研究[R]. 天津:天津水运工程科学研究所,1989.

[85] 长江科学院. 三峡水库下游宜昌至大通河段冲淤一维数模计算分析[A]. 国务院三峡工程建设委员会办公室泥沙课题专家组,中国长江三峡工程开发总公司工程泥沙专家组. 长江三峡工程泥沙问题研究(第七卷)[C]. 北京:知识出版社,2002.

[86] 长江水利委员会水文局. 2007年度长江三峡水库进出库水沙特性与泥沙淤积分析[R]. 武汉:长江水利委员会水文局,2008.

[87] 长江航道规划设计研究院,长江重庆航运工程勘察设计院. 长江三峡工程航道泥沙原型观测2008—2009年度分析报告[R]. 武汉:长江航道规划设计研究院,长江重庆航运工程勘察设计院,2009.

[88] 谢鉴衡. 河床粗化计算[J]. 武汉水利电力学院学报,1959,(2):1-13.

[89] 秦荣昱,胡春宏,梁志勇. 沙质河床清水冲刷粗化的研究[J]. 水利水电技术,1997,28(6):8-13.

[90] 周志德. 水库下游河床冲刷下切问题的探讨[J]. 泥沙研究,2003,(5):28-31.

[91] 封光寅,李光辉,周晓英. 丹江口水利枢纽下游河道重建平衡过程分析[J]. 人民长江, 2006,37(12):99-101.

[92] 钱宁,张仁,周志德. 河床演变学[M]. 北京:科学出版社,1987.

[93] 潘庆燊,曾静贤,欧阳履泰. 丹江口水库下游河道演变及其对航道的影响[J]. 水利学报,1982,(8):54-63.

[94] 陈飞,李义天,唐金武,等. 水库下游分组沙冲淤特性分析[J]. 水力发电学报,2010,29(1):164-170.

[95] 韩其为,何明为. 泥沙交换的统计规律[J]. 水利学报,1981,(1):10-22.

[96] 王荣新,章厚玉,易志平,等. 丹江口水库下游沿程 Z—Q 关系变化分析[J]. 人民长江, 2001,32(2):25-27.

[97] 黄才安. 水流泥沙运动基本规律[M]. 北京:海洋出版社,2004.

[98] 刘金梅,王士强,王光谦. 冲积河流长距离冲刷不平衡输沙过程初步研究[J]. 水利学报,2002,(2):47-53.

[99] Mackin J H. Concept of the Graded River. Geol[J]. Soc. Amer. Bull. ,1948,59(1):463-512.

[100] 钱宁. 修建水库后下游河道重新建立平衡的过程[J]. Journal of Hydraulic Engineering Society of China,1958,(4):33-60.

[101] 乐培九,朱玉德,程小兵,等. 清水冲刷河床调整过程试验研究[J]. 水道港口,2007,28(1):23-29.

[102] 水利水电科学研究院河渠研究所. 官厅水库建成后永定河下游的河床演变[M]. 北京:水利电力出版社,1960.

[103] Harrison A S,Mellema W J. Sedimentation Aspect of the Missouri River Dams[C]. Brazil:Tran. Of the 14th Intern. Cong. cn Large Dams,1982.

[104] 陆永军. 中线调水对峰口至汉川河段航运的影响[R]. 天津:交通部天津水运所,1993.

[105] 贾敏锐. 从丹江口、葛洲坝水库下游河床冲刷看三峡工程下游河床演对航道的影响[J]. 水道港口,1996,(3):1-13.

[106] 孔祥柏,李昌华. 汉江红山头—薛家脑游荡性河段河床演变规律综合分析[R]. 南京:河海大学,1993.

[107] 长江科学院. 坝下游河床演变对堤防安全的影响问题阶段性评估报告[R]. 武汉:长江科学院,2008.

[108] 长江委荆江水文水资源勘测局. 荆江险工护岸巡查简报[R]. 荆州:长江委荆江水文水资源勘测局,007.

［109］ 高幼华,张红武,马怀宝. 冲积河流河床变形的数值模拟方法［C］. 郑州:河南省首届泥沙研究讨论,1995.

［110］ 许炯心. 水库下游河道复杂响应的试验研究［J］. 泥沙研究,1986,(4):50-56.

［111］ 王光谦,胡春宏. 泥沙研究进展［M］. 北京:中国水利水电出版社,2006.

［112］ Einstein H A. The Bed-Load Function for Sediment Transportation in Open Channel Flows［R］. Washington D. C. :United States Department of Agriculture,Economic Research Service,1950.

［113］ Laursen E M. The Total Sediment Load of streams［J］. Journal of Hydraulic Division,1958,84(HY1):1-36.

［114］ Toffaleti F B. A Procedure for Computation of the Total River Sand Discharge and Detailed Distribution［R］. Vicksburg:Committee on Channel Stabilization,U. S. Army Corps of Engineers Waterways Experiment Station,1968.

［115］ Toffaleti F B. Definitive Computations of Sand Discharge in Rivers［J］. Journal of the Hydraulics Division,1969,95(HY1):225-246.

［116］ Misri R J,Garde R J,Ranga R K G. Bed Load Transport of Coarse Nonuniform Sediment［J］. Journal of Hydraulic Engineering,1984,110(3):312-328.

［117］ Samaga B R,Ranga R K G,Garde R J. Bed Load Transport of Sediment Mixtures ［J］. Journal of Hydraulic Engineering,1986,112(11):1003-1018.

［118］ 曾鉴湘. 悬移质分组水流挟沙力［D］. 武汉:武汉水利水电学院,1981.

［119］ 张凌武. 非均匀挟沙力的研究［J］. 武汉水利电力学院学报,1989,(2):39-45.

［120］ Patel P,Ranga R R G. Fraction wise Calculation of Bed Load Transport［J］. Journal of Hydraulic Research,IHAR,1996,34(3):363-379

［121］ Ashida K,Michiue M. Study on Bed Load Transport rate in Open Channel Flows ［C］. Bangkok:International Symposiums on River Mechanics,IAHR,1973.

［122］ Proffitt G J,Sutherland A J. Transport of Non-uniform Sediment［J］. Journal of Hydraulic Research,IAHR,1983,21(1):33-43.

［123］ Bridge M,Bennett S J. A Model for Entrainment and Transport of SedimentGrains ［J］. Water Resources Research,1992,28(2):337-363.

［124］ Wilcock P R,Milli H ,Crabbe A D. Sediment Transport Theories:A Review［J］. Proc. Instn. Civ. Engrs. ,Part2,1975,(59):265-292.

［125］ Wilcock P R,McArdell B W. Partial Transport of a Sand/Gravel Sediment［J］. Water Resources Research. 1969,33(1):235-245.

［126］U. S. Corps of Engineers. HEC-6 Scour and Deposition in Rivers and Reservoirs［R］. Davis：U. S. Corps of Engineers，1977.

［127］Molinas R L，Yang C T. Computer Program User's Manual for GATRAS(Generalized Stream Tube Model for Alluvial River Simulation)［R］. Denver：U. S. Department of Interior，Bureau of Reclamation，Engineering and Research Center，1986.

［128］Rahuel J L，Holly F M，Chollet J P，et al. Modeling of Riverbed Evolution for Bed load Sediment Mixtures［J］. Journal of Hydraulic Engineering，ASCE，1989，115 (11)：1521-1542.

［129］Molinas A. User's Manual for BRI-STARS-BRIdge Stream Tube Model for Alluvial River Simulation. National Cooperative Highway Research Program［R］. Washington D. C. ：Transportation Research Board，1990.

［130］Molinas A，Trentm R. BRI-STARS-BRIdge Stream Tube Model for Alluvial River Simulation. Proceedings of the 5th Interagency Sedimentation Conference［C］. Karlsruhe：Sedimentation Committee of the Water Resources Council，1991.

［131］Molinas A. BRI-STARS Model for Alluvial River Simulation，Hydraulic Engineering ［C］. San Francisco：Proceedings of the 1993 National Conference，ASCE，1993.

［132］Hsu S M，Holly F M. Conceptual Bed-Load Transport Model and Verification For Sediment Mixtures［J］. Journal of Hydraulic Engineering，ASCE，1992，118(8)：1135-1152.

［133］Karim M F，Kennedy J F. Computer-based Prediction for Sediment Discharge and Friction Factors Alluvial Streams［R］. Iowa city：University of Iowa，1981.

［134］韩其为. 悬移质不平衡输沙的初步研究［A］. 中国水利学会. 第一届河流泥沙国际学术讨论会会议论文集［C］. 北京：中国水利学会，1980.

［135］窦国仁，赵士清，黄亦芬. 河道二维泥沙模型研究［J］. 水利水运科学研究，1987，(2)：1-12.

［136］Wu B S，Molinas A，Shu A P. Fractional Transport of Sediment Mixtures［J］. International Journal of Sediment Research，2003，18(3)：232-247.

［137］李义天. 冲积河道平面变形计算初步研究［J］. 泥沙研究，1988，(1)：34-44.

［138］张瑞谨. 河流泥沙动力学［M］. 北京：中国水利水电出版社，1998.

［139］钱宁，万兆惠. 泥沙运动力学［M］. 北京：科学出版社，2003.

［140］吉良八郎. Hydraulical Studies on the Sedimentation in Reservoirs［R］. Kagawa：Kagawa Univ. ，1963.

[141] Alger G R,Simons B. Fall Velocity of Irregular Shaped Particles[J]. J. Hyd. Div. ,Proc. ,Amer. Soc. Civil Engrs. ,1968,94(HY3):721-737.

[142] Schulz S F,Wilde R H,Alberston M L. Influence of Shape on the Fall Velocity of Sedimentary Particles[R]. Missouri:Missouri River Div. ,1954.

[143] Rubey W W. Settling Velocities of Gravel,Sand and Silt Particles[J]. Amer. J. Sci. ,1933,25(148):325-338.

[144] Lorentz H A. Ein Allgemeiner Satz die Bewegung Enier Reibenden Flussigkeit Betreffend[R]. Abhand:Nebst Einigen Anwendungen Desselben,1907.

[145] McNown J S. Partials in Slow Motion[J]. La Blanche,1951,6(5):701-722.

[146] McNown J S,Lin P N. Sediment Concentration and Fall Velocity[C]. Columbus:Proc. ,2nd Midwestern Conf. on Fluid Mech. ,1952.

[147] Cunningham E. On the Velocity of Steady Fall of Spherical Particles Through Fluid Medium[C]. London:Proc. ,Royal Soc. ,1910.

[148] McNown J S,Lee H M,McPherson M B et al. Influence of Boundary Proximity on the Drag of Spheres[C]. London:Proc. ,7th Intern. Cong. For Applied Mech. ,1948.

[149] Uchida S. Slow Viscous Flow Past Closely Spaced Spherical Particles[J]. Japanese Inst. Sci. Tech. ,1949,(3):97-104.

[150] 蔡树棠. 泥沙在静水中的沉淀运动:含沙浓度对沉速的影响[J]. 物理学报,1956,12(5):402-408.

[151] Smoluchowski M S. On the Particles Applicability of Stokes Law of Resistance and the Modification of It Required in Certain Cases[C]. Cambridge:Proc. ,5th Intern. Cong. Math. ,1913.

[152] Burgers J M. On the Influence of the Concentration of A Suspension Upon the Sedimentation Velocity(In Particular for A Suspension of Spherical Particles)[C]. Amsterdam:Proc. ,Ned. Akad. Wet. ,1942.

[153] Cao Zhixian ,Pender G,Wallis S,et al. Computational Dam-Break Hydraulics over Erodible Sediment Bed[J]. Journal of Hydraulic Engineering,ASCE,2004,130(7):689-703.

[154] Kada F,Hanraty T J. Effects of Solids on Turbulence in A Fluid[J]. J. Amer. Inst. Chem. Engrs,1960,6(4):624-630.

[155] Lhermitte P. Influence de la Turbulence sur la Vitesse de chute des Particules Solides dans I'eau[J]. La Houille Blanche,1952,6(2):285-285.

[156] Meyer R. A propos des I'influence de la Turbulence sur la Vitesse de chute des Particules Solides[J]. La Houille Blanche,1951,(1):862-864.

[157] Field W G. Effects of Density Ratio on Sedimentary Similitude[J]. J. Hyd. Div.,Proc.,Amer. Soc. Civil Engrs.,1968,94(HY3):705-719.

[158] Murray S P. Settling Velocities and Vertical Diffusion of Particles in Turbulence Water[J]. J. Geophys. Res.,1970,75(9):1647-1654.

[159] 范家骅,吴德一,陈明. 紊动水流中泥沙的沉淀[R]. 北京:水利水电科学研究院,1964.

[160] 唐允吉. 泥沙在动水中沉降的研究[D]. 西安:陕西工业大学,1963.

[161] 韩其为,何明民. 论非均匀悬移质二维不平衡输沙方程及其边界条件[J]. 水利学报,1997,(1):1-10.

[162] 韩其为,何明民. 泥沙运动统计理论[M]. 北京:科学出版社,1984.

[163] 谢鉴衡. 河流模拟[M]. 北京:水利电力出版社,1990.

[164] Einstein H A. The bed-load function for sediment transportation in open channel flow[R]. Washington D C:US Dept. of Agriculture,Tech Bull,1950.

[165] Yalin M S. Mechanics of Sediment Transport(2nd edtion)[M]. Oxford:Pergamon Press,1977.

[166] Nagakawa H,Tsujimoto T. Sand bed instability due to bed-load motion[J]. Journal of the Hydraulics Division,ASCE,1980,106(12):1571-1573.

[167] Ruiter J C C de. The mechanics of sediment transport on bed forms[C]. lstanbul:Proc Euromech 156,Mechanics of sediment transport,1982.

[168] Fernandez-Luque R. Erosion and transport of bed-load sediment Dissertation[R]. Meppel:KRIPS Repro BV,1974.

[169] Van Rijn L C. Sediment pick-up functions[J]. J Hydr. Engr.,ASCE,1984,110(10):1494-l502.

[170] 曹志先. 基于湍流猝发的床面泥沙上扬通量[J]. 水利学报,1956,(5):18-21.

[171] 刘兴年,曹叔尤,黄尔,等. 粗细化过程中的非均匀沙起动流速[J]. 泥沙研究,2000,(4):10-13.

[172] 胡海明,李义天. 非均匀沙的运动机理及输沙率计算方法的研究[J]. 水动力学研究与进展(A辑),1996,11(3):284-292

[173] 韩文亮,惠遇甲,郜国明. 非均匀沙分组起动规律的研究[J]. 泥沙研究,1998,(1):74-80.

[174] 陈媛儿,谢鉴衡. 非均匀沙起动规律初探[J]. 武汉水利电力学院学报,1988,(3):

28-37.

[175] 李荣,李义天,王迎春.非均匀沙起动规律研究[J].泥沙研究,1999,(1):27-32.

[176] 拾兵,曹叔尤,刘兴年.非均匀沙隐暴作用的研究现状及其起动矢量式[J].青岛海洋大学学报,2000,30(4):723-728.

[177] 冷奎,王明甫.无黏性非均匀沙起动规律探讨[J].水力发电学报,1994,(2):57-65.

[178] 窦国仁.潮汐水流中的悬沙运动和冲淤计算[J].水利学报,1963,(4):13-23.

[179] 韩其为,何明民.恢复饱和系数初步研究[J].泥沙研究,1997,(3):32-40.

[180] 韩其为.扩散方程边界条件及恢复饱和系数[J].长沙理工大学学报(自然科学版),2006,3(3):7-19.

[181] 张启舜.明渠水流泥沙扩散过程的研究及其应用[J].泥沙研究,1980,(复刊号):37-52.

[182] 韩其为.非均匀悬移质不平衡输沙的研究[J].科学通报,1979,(17):804-808.

[183] 周建军,林秉南.二维悬沙数学模型——模型理论与验证[J].应用基础与工程科学学报,1995,3(1):78-98.

[184] 陈霁巍.黄河治理与水资源开发利用(综合卷)(M).郑州:黄河水利出版社,1998.

[185] 刘金梅,王光谦,王士强.沙质河道冲刷不平衡输沙机理及规律研究[J].水科学进展,2003,14(5):563-568.

[186] 杨晋营.沉沙池超饱和输沙法恢复饱和系数研究[J].泥沙研究,2005,(3):42-471.

[187] 韩其为,陈绪坚.恢复饱和系数的理论计算方法[J].泥沙研究,2008,(6):8-16.

[188] 韩其为,何明民.泥沙交换的统计规律[J].水利学报,1981,(1):12-24.

[189] 韩其为,何明民.泥沙运动统计规律[M].北京:科学出版社,1984.

[190] 韩其为,何明民.论非均匀悬移质二维不平衡输沙方程及其边界条件[J].水利学报,1997,(1):2-11.

[191] McTigue D F. Mixture Theory[C]. Beijing:Proc. Of the First International symposium od river sedimentation,1980.

[192] Drew D A. Turbulent sediment transport over a flat bottom using moment balance[J]. J. Applied Mech,1975,42(1):38-51.

[193] Kobayashi N,Seo N. Fluid and sediment interaction oner a planned[J]. J. Hydr. Engr. 1985,111(6):903-921.

[194] Ananion A K,Gerbashian E T. About the system of equation of movement of flow carring suspended matter[J]. J. hydr. Res. 1965,3(1):1-5.

[195] 蔡树棠.相似理论和泥沙的垂直分布[J].应用数学和力学,1982,3(5):605-612.

[196] 朱鹏程. 从紊流脉动相似结构推论悬浮泥沙的垂线分布[C]. 无锡：中国力学学会第二届全国流体力学学术会议，1983.

[197] Li R M, Shen H W. Solid particles settlement in open channel flow[J]. J. Hydr. Div, 1975, 101(7): 917-931.

[198] 邵学军, 夏震寰. 悬浮颗粒紊动扩散系数的随机分析[J]. 水利学报, 1990, (10): 32-40.

[199] 倪晋仁, 惠遇甲. 悬移质浓度垂线分布的各种理论及其间关系[J]. 水利水运科学研究, 1988, (1): 85-99.

[200] Lane E W, Kalinske A A. Engineering calculations of suspended sediment[J]. Transactions American Geophysical Union, 1941, 22(3): 603-607.

[201] Rouse H. Modern Conception of the Mechanics of Turbulence[J]. Trans. Am. Soc. Civ. Eng., 1937, 102(1): 463-505.

[202] Lane E W, Kalinske A A. Engineering Calculation of Suspended Sediments[J]. Trans. AGU, 22(1): 56-61.

[203] Ismail H M. Turbulent Transfer Mechanics and Suspended Sediment in Closed Channels [J]. Transactions of the American Society of Civil Engineers, 1952, 117(1): 444-446.

[204] Vanoni V A. Transportation of Suspended Sediment by Watrer[J]. Transactions of the American Society of Civil Engineers, 1946, 111(1): 103-124.

[205] Hunt J N. The turbulent transport of suspended sediment in open channels[J]. Proc. Roy. Soc. A, 1954, 224(1158): 322-335.

[206] Itakura J, Kish T. Open channel flow with suspended sediments[J]. Journal of the Hydraulics Division, ASCE. 1980, 106(1). 1325-1343.

[207] 张瑞谨. 悬移泥沙在二度等速明流中的平衡情况下是怎样分布的[J]. 新科学季刊, 1950, 1(3): 93-98.

[208] 陈永宽. 悬移质含沙量沿垂线分布[J]. 泥沙研究, 1984, (1): 31-40.

[209] 张小峰, 陈志轩. 关于悬移质含沙量沿垂线分布的几个问题[J]. 水利学报, 1990, (10): 41-48.

[210] 刘建军. 明渠水流含沙量沿垂线分布研究[J]. 泥沙研究, 1996, (2): 105-108.

[211] 王志良. 悬移质含沙量的垂线分布规律探讨[J]. 河海大学学报, 1997, 25(03): 31-35.

[212] 胡春宏, 惠遇甲. 明渠挟沙水流运动的力学和统计规律[M]. 北京：科学出版社, 1995.

[213] Rijn L C V. Sediment Transport, Part Ⅱ: Suspended Load Transport[J]. Journal of Hydraulic Engineering, 1984, 110(11): 1613-1641.

[214] Coleman M L. Flume Studies of the Sediment Transfer Coefficient[J]. Water

Resources Research,1970,6(3):747-750.

[215] 王兆印,钱宁. 粗颗粒高含沙两相紊流运动规律的实验研究[J]. 中国科学(A辑),
1984,(8):766-773.

[216] Ikeda S. Suspended Sediment on Sand Ripples[C]. Tokyo:Third Int. Symp. On Sto-
chastic Hydraulics,1980.

[217] 谢鉴衡,邹履泰. 关于扩散理论含沙量沿垂线分布的悬浮指标[J]. 武汉水利电力学院
学报,1981,(3):1-9.

[218] Motes J S,Ippen A J. Interaction of Two-Dimensional Turbulent Flow with Suspended
Particles[R]. Cambridge:Massachusetts Institute of Technology,Cambridge,1973.

[219] Doblins W E. Effect of turbulence on sedimentation[J]. Trans. ASCE,1944,109(5):
629-656.

[220] Wang Z B,Ribberink J S. The validity of a depth-integrated model for suspended
sediment transport[J]. Journal of Hydraulic Research,1986,24(1):53-67.

[221] Van Rijn L C. Sand transport at high velocities[R]. Delft:Delft Hydraulics Labora-
tory,1987.

[222] 张启舜. 含沙量沿程扩散恢复的水槽试验研究[R]. 北京:水利水电科学研究院研究报
告,1962.

[223] Neill C R. A reexamination of the beginning of movement for coarse granular bed
materials[R]. Wallingford:Hydraulics Research Station,1968.

[224] Parker G. Transport of gravel and sediment mixtures[M]. Washington D. C. :ASCE
Press,2013.

[225] 杨国录. 河流数学模型[M]. 北京:海洋出版社,1992.

[226] 韩其为. 悬移质不平衡输沙的初步研究[A]. 中国水利学会. 第一届河流泥沙国际学
术讨论会论文集[C]. 北京:中国水利学会,1980.

[227] 钱宁. 黄河下游的河床粗化问题[J]. 泥沙研究. 1959,(1):16-23.

[228] 李义天,胡海明. 床沙混合层活动层的计算方法探讨[J]. 泥沙研究,1994,(1):64-71.

[229] Karim M F,Kennedy J F. A Computer-Based Flow- and Sediment-Routing Model for
Alluvial Streams and Its Application to the Missouri River [R]. Iowa City :Iowa
Inst. of Hydraulic Research,1982.

[230] 赵连军,张红武,江恩惠. 冲积河流悬移质泥沙与床沙交换机理及计算方法研究[J].
泥沙研究,1999,(4):49-54.

[231] 王士强. 沙波运动与床沙交换调整[J]. 泥沙研究,1992,(4):14-23.

[232] Karahan M E,Peterson A W. Visualization of Separation Over Sand Waves[J]. J. Hyd. Div. ,Proc. ,1980,106(HY8):1345-1352.

[233] Broah J P,Alonso C V,Prasad S N. Routing Graded sediment in streams[J]. Formulations,Journal of Hydraulic Engineering,1982,108(12):1441-1450.

[234] U. S. Army Corps of Engineering. Scour and Deposition in river and reservoir,Computer Program 723-G2-L2470[R]. Washington D. C. :U. S. Army Corps of Engineering,1991.

[235] Tomas W A. Calculation of Sediment Movement in Gravel Bed Riverso[R]. Wales:Workgroup on Engineering Problem on the Management of Gravel Bed Rivers,1980.

[236] Van Rijn L C. Sediment transport,Part Ⅲ:bed forms and alluvial roughness[J]. Journal of Hydraulic Engineering,1984,110(12):1733-1754.

[237] 张柏年. 长江沙波运动的基本规律[R]. 武汉:长江流域规划办公室汉口观测队,1960.

[238] Grade R J,Albertson M L. Characteristics of bed forms and regimes of flow in alluvial channels[R]. Colorado:Colorado State Univ. ,1959.

[239] 张柏英. 沙质河床清水冲刷研究[D]. 长沙:长沙理工大学,2009.

[240] 吴伟明,李义天. 一种新的河道一维水利泥沙运动数值模拟方法[J]. 泥沙研究,1992,(1):1-8.

[241] 韩其为,何明民. 水库淤积与河床演变的(一维)数学模型[J]. 泥沙研究,1989,(3):14-29.

[242] 王小艳,徐秋宁. 三门峡水库潼关至三门峡段冲淤计算方法[J]. 西北水资源与水工程,1994,5(4):64-67.

[243] 赵士清,窦国仁. 在三峡工程变动回水区中一维全沙数学模型的研究[J]. 水利水运科学研究,1990,(2):115-124.

[244] 杨国录,吴卫民,陈振虹,等. SUSBED-1 动床恒定非均匀全沙模型[J]. 水利学报,1994,(4):1-11.

[245] 陆永军,张华庆. 水库下游冲刷的数值模拟——模型的构造[J]. 水动力学研究与进展(A 辑),1993,8(1):81-89.

[246] 张启卫. 黄河下游泥沙数学模型及其应用[J]. 人民黄河,1994,(1):4-8.

[247] 冯普林,陈乃联,马雪妍,等. 渭河下游一维洪水演进数学模型研究[J]. 人民黄河,2009,31(6):46-52.

[248] 史英标,林炳尧,徐有成. 钱塘江河口洪水特性及动床数值预报模型[J]. 泥沙研究,

2005,(1):7-13.

[249] 刘月兰,韩少发,吴知. 黄河下游河道冲淤计算方法[J]. 泥沙研究,1987,(3):30-42.

[250] Chang H H. Minimum stream power and river channel patterns[J]. Journal of Hydrology, 1979,41(3):303-327.

[251] Yang C T. Minimum unit stream power and fluvial hydraulics[J]. Journal of Hydraulic Division,1976,102(7):919-934.

[252] Millar R G,Quick M C. Stable width and depth of gravel-bed rivers with cohesive banks[J]. Journal of Hydraulic Engineering,1998,124(10):1005-1013.

[253] Chang H H. Background and applications of Fluvial-12[R]. San Diego:Boyle Engineering Corp,2012.

[254] Yang C T. Applications of GSTARS Computer Models for Solving River and Reservoir Sedimentation Problems[J]. Transactions of Tianjin University,2008,14(4): 235-247.

[255] 徐国宾. 最小能耗率原理及其在河流动力学中的应用[J]. 西北水资源与水工程, 1994,5(4):50-58.

[256] Griffiths G A. Extremal hypotheses for river regime:an illustration of progress[J]. Water Resource Research,1981,20(1):113-118.

[257] 麦乔威,赵业安,潘贤弟. 多沙河流拦洪水库下游河床演变计算方法[J]. 黄河建设, 1965,(3):28-34.

[258] 陈立,王明甫,周宜林. 漫滩高含沙水流结构和滩槽冲淤演变规律[R]. 武汉:武汉水利电力大学,1995.

[259] 高幼华,张红武,马怀宝. 冲积河流河床变形的数值模拟方法[A]. 张红武,姚文艺. 河南省首届泥沙研究讨论会论文集[C]. 郑州:黄河水利出版社,1995.

[260] 江恩惠,赵连军,张红武. 多沙河流洪水演进与冲淤演变数学模型研究及应用[M]. 郑州:黄河水利出版社,2000.

[261] 李彪,胡旭跃,徐立君. 复式断面滩槽流速分布研究综述[J]. 水道港口,2005,26(4): 228-232.

[262] 李义天,谢鉴衡. 冲积平原河流平面流动的数值模拟[J]. 水利学报,1986,(11): 11-15.

[263] 要威,李义天. 游荡型河道阻力沿河宽分布的研究[J]. 四川大学学报(工程科学版), 2007,39(1):38-43.

[264] 刘臣,平克军. 河道二维数值模拟糙率横向分布研究[J]. 水道港口,2008,29(2):

113-118.

[265] 武汉水利电力大学. 谢鉴衡论文集[C]. 武汉:武汉水利电力大学,1955.

[266] 中国水利水电科学院研究院. 三峡水库下游河道冲刷计算研究[A]. 国务院三峡工程建设委员会办公室泥沙课题专家组,中国长江三峡工程开发总公司工程泥沙专家组. 长江三峡工程泥沙问题研究(第七卷)[C]. 北京:知识产权出版社,2002.

[267] 长江科学院. 三峡水库下游宜昌至大通河段冲淤一维数模计算分析(一)、(二)[A]. 国务院三峡工程建设委员会办公室泥沙课题专家组,中国长江三峡工程开发总公司工程泥沙专家组. 长江三峡工程泥沙问题研究(第七卷)[C]. 北京:知识产权出版社,2002.

[268] 清华大学. 对长科院及水科院三峡水库下游河道长距离冲刷计算成果的评论[A]. 国务院三峡工程建设委员会办公室泥沙课题专家组,中国长江三峡工程开发总公司工程泥沙专家组. 长江三峡工程泥沙问题研究(第七卷)[C]. 北京:知识产权出版社,2002.

[269] 武汉水利电力大学. 三峡水库下游一维数学模型计算成果比较[A]. 国务院三峡工程建设委员会办公室泥沙课题专家组,中国长江三峡工程开发总公司工程泥沙专家组. 长江三峡工程泥沙问题研究(第七卷)[C]. 北京:知识产权出版社,2002.

[270] 长江科学院. 溪洛渡建坝后三峡工程下游宜昌至大通河段冲淤计算分析[A]. 长江三峡工程泥沙问题研究(第七卷)[C]. 北京:知识产权出版社,2002.

[271] 中国水利水电科学研究院. 向家坝建坝后三峡工程下游宜昌至大通河段冲淤计算分析[A]. 国务院三峡工程建设委员会办公室泥沙课题专家组,中国长江三峡工程开发总公司工程泥沙专家组. 长江三峡工程泥沙问题研究(第七卷)[C]. 北京:知识产权出版社,2002.

[272] 长江科学院. 三峡工程下游江口至观音寺河段冲淤计算分析[A]. 国务院三峡工程建设委员会办公室泥沙课题专家组,中国长江三峡工程开发总公司工程泥沙专家组. 长江三峡工程泥沙问题研究(第七卷)[C]. 北京:知识产权出版社,2002.

[273] 中国水利水电科学研究院. 长江阹湖堤河段泥沙二维冲淤计算[A]. 国务院三峡工程建设委员会办公室泥沙课题专家组,中国长江三峡工程开发总公司工程泥沙专家组. 长江三峡工程泥沙问题研究(第七卷)[C]. 北京:知识产权出版社,2002.

[274] 清华大学水利水电工程系. 葛洲坝枢纽下游河段一维泥沙数学模型研究[A]. 国务院三峡工程建设委员会办公室泥沙课题专家组,中国长江三峡工程开发总公司工程泥沙专家组. 长江三峡工程泥沙问题研究(第六卷)[C]. 北京:知识产权出版社,2002.

[275] 天津水运工程科学院研究所. 葛洲坝枢纽船闸航道水深问题二维泥沙数学模型研究

［A］.国务院三峡工程建设委员会办公室泥沙课题专家组,中国长江三峡工程开发总公司工程泥沙专家组.长江三峡工程泥沙问题研究(第六卷)［C］.北京:知识产权出版社,2002.

［276］长江科学院.葛洲坝枢纽下游近坝段整治二维水流泥沙学说模型研究［A］.国务院三峡工程建设委员会办公室泥沙课题专家组,中国长江三峡工程开发总公司工程泥沙专家组.长江三峡工程泥沙问题研究(第六卷):北京:知识产权出版社,2002.

［277］长江航道局,武汉水利电力大学.三峡工程坝下游砂卵石浅滩河段一二维数学模型计算［A］.国务院三峡工程建设委员会办公室泥沙课题专家组,中国长江三峡工程开发总公司工程泥沙专家组.长江三峡工程泥沙问题研究(第六卷):［M］.北京:知识产权出版社,2002.

［278］天津水运工程科学研究所.三峡工程坝下游浅滩整治一维及二维数值模拟研究［A］.国务院三峡工程建设委员会办公室泥沙课题专家组,中国长江三峡工程开发总公司工程泥沙专家组.长江三峡工程泥沙问题研究(第六卷)［M］.北京:知识产权出版社,2002.

［279］武汉大学,南京水利科学研究院.长江中游荆江沙质河床段长距离一、二维嵌套水利泥沙数值模拟研究［R］.武汉:武汉大学,南京水利科学研究院,2004.

［280］湖北省水利水电科学研究院,长江水利委员会长江科学院.三峡工程运用对长江中游湖北段何时与闸站工程影响及对策研究［R］.武汉:湖北省水利水电科学研究院,长江水利委员会长江科学院,2007.

［281］李义天.河网非恒定流隐式方程组的汉点分组解法［J］.水利学报,1997,(3):49-57.

［282］曹志芳.洪泛区水沙调度及洪灾损失快速评估模型研究［D］.武汉:武汉大学,2001.

［283］李义天,尚全民.一维不恒定流泥沙数学模型研究［J］.泥沙研究,1998,(1):81-87.

［284］武汉大学.长江中下游河段一维水沙数值模拟及其关键技术研究［R］.武汉:武汉大学,2005.

［285］谢鉴衡.河流模拟［M］.北京:水利电力出版社,1990.

［286］张瑞谨.河流泥沙动力学［M］.北京:中国水利水电出版社,1989.

［287］余明辉.平面二维非均匀水沙数学模型的研究与应用［D］.武汉:武汉水利电力大学,1999.